# THE
# ONE
# THING

*The Surprisingly Simple Truth Behind Extraordinary Results*

*by* GARY KELLER & JAY PAPASAN

# 成功,從聚焦一件事開始

## 不流失專注力的減法原則

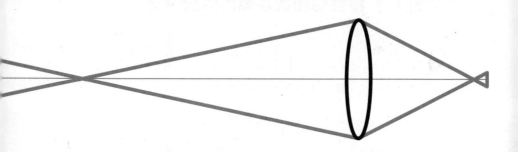

百萬暢銷書作家

蓋瑞・凱勒、傑伊・巴帕森——著

羅耀宗——譯

# 目錄

# Part 2 化繁為簡的成功途徑

# Part 3 釋出你的內在潛能

同時追兩隻兔子……

……一隻都抓不到。

俄羅斯諺語

# 學習在知識大海中，
# 通往成功的方向

文／艾爾文

「露禪呀，人一輩子做好一件事就夠了。」——電影《太極》

　　說到「聚焦」，我想應該有人覺得是老生常談。確實，如果上網用這兩個字當關鍵字搜尋，跳出來的筆數已超過上億筆，可見很多人都知道，也都在談論「聚焦」的重要性。只是，或許這也點出本書的重要性，當你每天都要面對那麼多的資訊，那麼多可以令你分心的事情時，你該如何聚焦在對的事情上呢？畢竟，聚焦的力量無比強大，而且無論你聚焦在正確或錯誤的事情上，都會讓結果加速呈現，甚至影響人一輩子。這也是為什麼當初接觸這本書時，雖然直覺上認為自己可能不是第一次接觸這樣的內容，但我仍然願意展書一讀。

　　有時候讀一本書不見得是為了學習新知識，而是為了強化自己身上某種該守住的觀念。雖然天底下每天都有新鮮事，但如果每次都只為了新知識而學習，不去沉澱已經知道的知識並活用，那麼學習成效也是接近零。所謂「知道」而沒「做到」，即是如此。而當初我就是為了這個目的而看這本書，也正好符合書中所說的這個觀念：聚焦在一件對的事

情上，比做再多件不對的事都來得有效益。何況，書中確實有許多從作者自身經驗帶出的不同見解，讓人值得省思。

## 以小換大的骨牌效應

《成功，從聚焦一件事開始》讓我學習到的第一個觀念就是：不論是起步或是每跨出一步，都要專注在當下的一小步。書中以學者洛恩‧懷海德（Lorne Whitehead）發表的骨牌效應來說明這個觀念：一片骨牌可推動另一張面積大50% 的骨牌，一個推倒一個就會產生由小推大的連鎖效應（若你覺得看文字不容易理解，推薦翻到書中第 21 頁時可以去網路上找找這段實驗的影片）。

用這個理論一直推演下去，小骨牌最終將可推倒一棟大樓，或者該說是任何想推倒的物品。不過這絕對只是理論上成立，實際上因為摩擦力的原因，遲早會有推不動而停下來的時候。只是，可以想想這個效應可以啟發我們什麼？作者在書中就寫到：「只要在你的生活中產生骨牌效應，就能取得不同凡響的成果。」換句話說，只要持續去推動下一件小事，一件小事終能成就一件大事。

但可別那麼快就向作者買單，如此簡單的想法雖能帶出道理，但不論是自己或周遭的人，不也是每天都持續做一些「小事」嗎？為何還是有成就高低的區別？答案就在所擺的焦點位置！

## 提高生產力的真相：把大部分時間投入在做對的事

然而，焦點就算擺對了，還是有個要克服的點：時間，真是有限！此時本書的核心觀念「做好一件事」就出現了。作者告訴讀者，就算你手上有許多重要的事要做，你也要排出優先順序，找出最值得做的「那一件事」。

以時間管理中常見到的「待辦清單」工具來看，作者直指，列出「成功清單」才是重要的；要先篩選掉待辦清單上「不值得做」的事，再將最重要的事放在第一位，然後就專心去做好它。不少人，包括以前的我，也是習慣把待辦事項都列出來後就拚命去做，卻忽略分辨該做的事才值得努力去做。若從這點去比較，成功清單跟一般待辦清單的效用有非常大的差別。

簡單來說，因為能做的事數量有限，所以先挑最重要的事來做；而能運用的時間有限，所以先把時間花在那件重要的事。畢竟「穩固的高樓，需要從一磚一瓦開始疊起」。

## 在知識大海中，撈出寶物的祕訣

我們都知道簡單的觀念雖然好理解，有時卻難持續，或是過陣子就會被繁忙的生活給沖淡。像我開頭說到，讀這本書就是為了提醒自己某個觀念，以防工作一忙就忽略掉。這觀念是我在近幾年才意識到非常重要：學習如何在知識大海中，避開垃圾，撈出寶物。

在網路還不普及的那個年代，其實只要少看點電視，生

活中就能聚焦在想要的目標。不過，目前這樣已經不夠，因為我們現今正生活在「螢幕世代」，走到哪裡都有大小螢幕在吸引我們的注意力，而我們的大腦也就像昆蟲的趨光性本能一樣，只要螢幕中出現畫面，眼睛就會被吸引，大腦就會想解讀而分心。另外，網路的便利也更挑戰專注力，雖然隨時都可以透過網路來蒐集資訊，但不管是好資訊或是爛資訊都會一湧而上，所以如何從中找出對的事情來聚焦，就是我覺得愈來愈重要的事。

## 我學到的五個聚焦心法

1. 防止聚焦小偷，要學習對無助益的事說「不」。

2. 工作前要列清單（三到六個），先做最重要的那一件事。

3. 目標遠大很好，但走好每一小步才重要。

4. 意志力跟電池一樣，所以要把最難的事留在一天中意志力最強時做。

5. 人只有一雙手、一個腦袋，重要的事一次做好一件就夠了。

（作者為富朋友理財筆記站長）

# 如此驚心動魄卻真摯非常 文／張瑋軒

「只需要一次走一步，就能走過最艱辛的旅程，但必須一直
走下去。」——中國諺語

　　有一種成功學，是你在書店翻過一次，你就知道那樣的
內容是多麼地遙遠和空洞；也有一種成功學，來自最貼近生
活的觀察，讀來令人膽戰心驚又屏息以待每一頁新的見地。
這本書，無疑屬於後者，而且是真實地驚心動魄的那種。

　　真實，是因為作者的確參透人性的矛盾和掙扎；驚心動
魄，是因為書中清楚描繪出每個渴望卓越的人都經歷過的心
路和迷思歷程。而我更特別喜歡此書的真摯，它娓娓道來每
一種膠著背後的祕密，進而提出有效改善的關鍵概念，幫助
讀者建立自己的成功系統。

　　沒有任何人或企業的成功是因為單純的幸運而已，也沒
有任何人或企業的成就只是天命般的信手捻來。每個我們能
看見發著光的人的背後，都有數不清的努力，從這本書的角
度來看，那些努力是對於一件事情的極度專注使然。這一件
事情之於每個人都不一樣，每個人都必須去尋找屬於自己的
那件事，但當你找到的時候，便該是只取一瓢飲的投入與執
著。

成功是一種世俗的概念，而我覺得真正的成功更應該是能找到我們心中最在意的那件事，並且盡力發揮到淋漓盡致。作者說得很好，成功是一種內心的工作；成功不在於別人怎麼定義，而是你怎麼定義自己的成功。這本書能告訴你如何思考屬於自己的成功，更能幫助你了解屬於你自己的人生優先順序。

　　我認為，成功不是一種成就，是一種狀態；成功不是一種標章，是一種能力；成功不是一種結果，是一種練習。每個人都有能力變得成功，只要你找到屬於你的那件事情。

　　找到那件最重要的事情並不容易，絕對不是字面上你以為的那麼容易，但我相信這的確值得我們花最多時間尋找跟建立。「人生最重要的事情不是尋找自我，而是創造自我。」作者引述蕭伯納的這句經典名言，我也深以為是。找自己不是一個抽象的青春概念，更是一個需要設定目標的實踐，我們的人生時光有限，絕對需要全神貫注的找到屬於自己的唯一。

　　蘇格拉底說過「最有希望的成功者，並不是才幹出眾的人，而是那些善於利用每一時機去發掘開拓的人。」我相信，這本書會是一個你能掌握的機會起點。鄭重推薦，讓我們一起創造自己的人生吧！

（作者為女人迷創始人暨執行長）

# 1.

# 找出最重要的一件事

「要像郵票那樣始終黏著一樣東西，直到
抵達目的地。」
——美國作家、幽默大師 賈許·比林斯（Josh Billings）

1991 年 6 月 7 日，天搖地動了 112 分鐘——不是真的
動，而是感覺像是那樣。

當時我正在看喜劇片《城市鄉巴佬》（*City Slickers*），觀
眾笑聲震天，撼動整座電影院。這是有史以來最好笑的電影
之一，卻也不時穿插珠璣之語。在叫人難忘的一幕中，已故
的傑克·派連斯（Jack Palance）飾演的強悍牛仔捲毛
（Curly）和比利·克里斯托（Billy Crystal）飾演的城市鄉
巴佬米契（Mitch），不情不願一起踏上尋牛的旅程。

雖然他們大部分時候衝突不斷，這時卻打開話匣子談起
人生。捲毛突然勒住馬頭，轉向米契：「你知道人生的祕密
是什麼嗎？」

米契：「不知道。是什麼？」

捲毛：「這個。」（他豎起一根手指。）

米契：「你的手指？」

捲毛：「一件事。就只是一件事。只要堅持做那件事，其他事情連狗屎都不如。」

米契：「說得好，但一件事是什麼事？」

捲毛：「那是你必須去想的。」

電影裡的虛構人物說出了成功的祕密，不管這是編劇刻意安排，還是無意中想到的，這段對話道出了真理：一件事，是達成目標的最佳方法。

很久以後，我才明白其中的道理。

曾經我事業有成，直到遇上阻礙，才開始反省自己做事的方法。10 年內，我們成功地打造一家公司，還試圖進軍全美和國際市場。卻在突然之間，處處碰壁。儘管我全心奉獻、努力工作，生活卻是一團亂，身邊每一件事彷彿同時崩垮。我失敗了，必須捨棄某些東西，尋求協助。

我找了一位顧問，向他娓娓道來，自己何以落到這般田地，也談到我於公於私所面對的挑戰。我也回顧了自己的目標，以及希望生活走在什麼樣的軌道。在他完全理解問題之後，便著手尋找答案。

當我們再次見面時，顧問將我公司的組織圖掛在牆上，並且問我：「你知道自己需要做什麼事，才能轉危為安嗎？」我毫無頭緒。他說，我只需要做好一件事。他指出，公司有 14 個需要新面孔的職位，這些關鍵位置只要擺對了人，公司、我的工作和我的生活，就會變得更好。

這個結論令我非常驚訝。我告訴他，我認為該做的事遠

遠超過這些。他說：「不。耶穌需要 12 個人，而你需要 14 個人。」這是醍醐灌頂的一刻，我從沒想過，這麼少的事情竟然可以有那麼大的影響。儘管我自認十分專注，但依然不夠。找到 14 個人，顯然是我能做的最重要事情。

根據這次見面的結果，我做了重大的決定：開除自己。我辭去執行長一職，只專心做一件事：找到那 14 個人。這一次，地真的動了。3 年內，我們開始成長，每年平均成長 40%，持續 10 年之久。從一家地區型公司，壯大為國際企業，我們就此大放異彩，不再回頭。成功會錦上添花，一路上還發生了別的事。「做好一件事」的效應，於此浮現。

找到這 14 個人之後，我開始一一和他們規劃事業生涯與業務。出於習慣，每次交談結束時，我總是扼要地重述兩人下次見面前該做好的事情。遺憾的是，許多人會把大部分事情做好，但不見得做的是「最重要的事」。於是，成果受到傷害，挫折接踵而至。為此，我開始縮短清單：如果這星期你只能做三件事……如果這個星期你只能做兩件事……最後，無奈之下，我把清單縮減到不可能再短的地步，並且問道：「這星期你能做好哪一件事？」不可思議的事情發生了：成果總是好得超乎預期。

於是，我回顧過往的成敗，發現一個有趣的型態：在我大獲成功的地方，總是將注意焦點限縮在一件事上；表現好壞不一的地方，注意焦點也是忽大忽小。一切豁然開朗。

66 不管做什麼，想要成功，就
　　是從小處著手。　　　　99

## 從小處著手，只做該做的

　　如果每個人一天的時間都相同，為什麼有些人的成就似乎遠大於其他人？他們如何做得更多、成就更大、賺得更多、擁有更多？如果有多少時間就有多少成就，為什麼有些人用同樣的時間就能換得多於別人的籌碼？答案在於，他們所用的方法能直指事情的核心，並且是從小處著手。

　　小處著手的意思是，忽視所有可做的，只做該做的。這表示你必須認清，並非每件事都同樣重要，應該找出最重要的那一件。也就是說，將「所做的」和「所要的」連結起來，不同凡響的成果取決於你能夠將焦點限縮到多小。想要從工作和生活中收穫最多，方法就是盡可能從小處著手。

　　然而，多數人想的卻正好相反。他們以為，想要大獲成功一定很花時間、過程複雜，於是在行事曆和待辦事項清單裡填進太多東西，讓自己不堪負荷。漸漸地，他們開始覺得難以企及「成功」，只好退一步降低標準。他們並不知道，只要把少數的事情做好，同樣也能成功。

　　由於迷失在「想做太多事情」的心態裡，最後能夠實現的少之又少。一段時間之後，只好降低期望、放棄夢想，允許自己的生活變得狹隘。事實上，每個人的時間和精力都有

限，當你把目標分散得太廣，力量就會變得稀薄。原本希望能一點一滴累積成就，到頭來卻不增反減。你需要做更少的事情，以便發揮更大的效果，而不是做更多，招致副作用。

問題出在，即使行得通，但由於工作和生活中加進更多事情，負荷變大，導致錯過截止日期、成果令人失望、壓力大、工作時間長、睡眠不足、食欲不振、缺乏運動，失去和家人、朋友相聚的時光等種種負面結果。這些全是因為追求某樣事情而產生的，然而，取得那樣東西的方法其實可能比你想像的要簡單。

「從小處著手」正是取得卓越成果的簡單方法，不論你身處何時、何地、做什麼事都行得通。為什麼？因為它只有一個目的，就是把你送到你想要的那個地方。當你盡可能從小處著手時，只會盯著一件事，而這就是成功的關鍵。

# 2.

# 發揮骨牌效應

> **「每一個大變動，一開始都像骨牌那樣倒下。」**
>
> ——美國作家 BJ 桑頓（BJ Thornton）

2009 年 11 月 13 日，在荷蘭呂伐登（Leeuwarden）舉辦的骨牌節中，威勒骨牌生產公司（Weijers Domino Productions）以超過 449 萬 1863 張骨牌，排出令人眼花撩亂的圖案，創下世界紀錄。一張骨牌就導致所有的骨牌陸續倒下，釋放超過 9 萬 4 千焦耳的能量，相當於一個男人做 545 次伏地挺身所耗的能量。

每一張直立的骨牌都存有少量的潛在能量；骨牌愈多，累積的潛在能量愈多。只要排列夠多的骨牌，輕輕一推，就能啟動連鎖反應，釋放出驚人力量。威勒骨牌證明了這一點：啟動一樣對的東西，就能推倒許多東西。但，還不只是這樣。

1983 年，洛恩・懷海德（Lorne Whitehead）在《美國物理期刊》（*American Journal of Physics*）發表了一篇文章，他發現，倒下的骨牌不只能夠推倒許多東西，還能推倒比它大

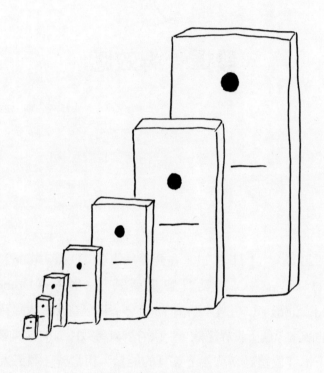

圖 2-1 發揮每張骨牌的力量,能量將以幾何級數成長。

50%的另一張骨牌。2001年,舊金山探索博物館
(Exploratorium)的一位物理學家重做了懷海德的實驗,利
用合板做了8張骨牌,每一張都比前一張大50%,第一張
只有2吋高,最後一張幾乎有3呎高。輕輕一彈,整排骨
牌一一倒下,很快是最後的「轟然巨響」。

　　如果一般的骨牌推倒屬於線性級數,那麼懷海德的骨牌

可以說是幾何級數。各位不妨繼續想像,接下來會發生什麼事:第十張骨牌將和美式足球明星四分衛培頓‧曼寧(Peyton Manning)一樣高;第十八張骨牌將和比薩斜塔不相上下;第三十一張骨牌將高達 3000 呎,略高於聖母峰;第五十七張骨牌可以做為地球和月球間的橋梁!

## 找出你的第一張骨牌

因此,若你想要成功,不妨胸懷登月之志。如果你排好了優先順序,將精力投入於完成最重要的事情,那麼你也可能成功登月。只要在生活中運用骨牌效應,就能取得不同凡響的成果。

推倒骨牌不難,只要把它們排好,推倒第一張就行。然而,現實世界比較複雜些,我們面對的挑戰是:生活裡不會有人為我們排好每一樣事情,然後說:「你應該從這裡開始。」成功人士知道這一點,所以他們每天都會重新安排優先順序,找出第一張骨牌,然後用力出手,直到它倒下。

為什麼這個方法行得通?因為成功是循序漸進達成的,不是齊頭並進。一開始就做對了,接下來也會是對的。日積月累下來,就會釋出成功的幾何潛力。

這種骨牌效應適用於大格局,例如你的工作或經營的企業,也適用於每一天決定接下來要做什麼事情的微小時刻。成功建立在成功之上,而當這種事情一而再、再而三發生,你就有機會邁向最高的成功境界。

骨牌潛藏的能量以幾何級數成長

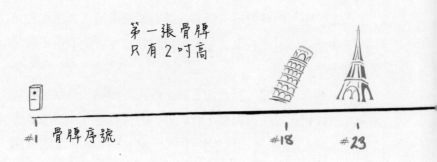

高
度

第一張骨牌
只有 2 吋高

#1 骨牌序號                    #18        #23

圖 2-2 幾何級數就像一列很長的火車，開動時非常慢，幾乎沒有感覺，
　　　 然後愈開愈快，停不下來。

　　當你見到某個人博學多聞，他一定是日以繼夜學來的。
當你見到某個人技巧高超，他一定是日以繼夜培養出來的。
當你見到某個人成就非凡，他一定是日以繼夜努力達成的。
當你見到某個人家財萬貫，他一定是日以繼夜賺進的。

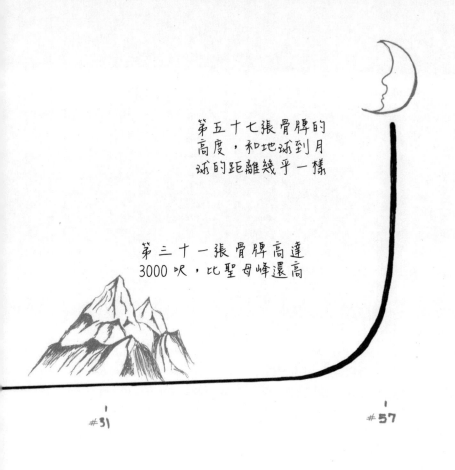

第五十七張骨牌的高度，和地球到月球的距離幾乎一樣

第三十一張骨牌高達3000呎，比聖母峰還高

#31

#57

關鍵在於日以繼夜。成功是循序建立起來的，一次只要做好一件事。

# 3.

# 成功留下的線索

「一次只專注於做一件事的人，才能大步向前。」

——美國作家、企業家、演說家 奧格·曼狄諾（Og Mandino）

到處都有「一件事」的見證。仔細觀察，總會找到。

桑德斯上校（Colonel Sanders）以一種雞肉祕方，創立肯德基。阿道夫·庫爾斯公司（Adolph Coors Company）只在一座釀酒廠生產一種產品，從 1947 年到 1967 年成長了 1500％。微處理器為英特爾（Intel）創造了絕大部分的營入。星巴克呢？就不用我多說了。

透過「一件事」的力量，取得不同凡響的成果，這樣的企業不勝枚舉。有些時候，企業生產或交付的正是它們賣出的東西，有時則不然。以 Google 來說，他們的「一件事」是搜尋，而靠搜尋，才有可能賣廣告；廣告是它的重要收入來源。

電影《星際大戰》呢？它的「一件事」是電影，還是商品？最近從賣玩具賺進的收入，合計超過 100 億美元，而這系列六部電影的全世界票房，總共不到這個數目的一半，

只有 43 億美元。從這點來看，《星際大戰》的「一件事」
是商品。但我認為，電影才是。因為有了電影，才可能銷售
玩具和其他周邊產品。

答案不見得一直都很清楚，但找出答案始終很重要。技
術創新、文化轉移和競爭力量，往往會使一家企業的「一件
事」不斷變化或轉型。那些成功的公司都明白這點，總是在
問：我們的「一件事」是什麼？

蘋果就是這樣的一家公司。它持續地營造一個環境，讓
不同凡響的「一件事」能夠存在，同時轉移重心到不同凡響
的另一件事。從 1998 年到 2012 年，蘋果的「一件事」從
Mac 到 iMac、iTunes、iPod、iPhone，然後是 iPad，登上
這一系列產品的龍頭寶座。在每樣新玩意成為眾所矚目的焦
點時，其他產品持續改良，使用者因此得以使用整個蘋果家
族的產品。

當你找到了「一件事」，就會開始用不同的方式去看商
業世界。如果貴公司今天還不知道「一件事」是什麼，那麼
當務之急就是去把它找出來。

> 66 「你必須專心致志，努力實現已經決定的那一件事。」
>
> ——巴頓將軍 99

## 貴人的重要

「一件事」這個居於主導地位的主題，會以不同方式呈現。將這個概念用在人身上，你會發現有個人在某個地方起了關鍵性的作用。

華德・迪士尼念中學二年級時，在芝加哥藝術學院（Chicago Art Institute）上夜間課程，並為校刊畫漫畫。畢業後，他想到報社找份畫漫畫的工作，卻找不到。他的哥哥羅伊（Roy）當時在銀行上班，幫他在一家畫室找到工作。迪士尼在那裡學習動畫，並且開始製作動畫片。可以說，羅伊是迪士尼年輕時的貴人。

山姆・華頓（Sam Walton）的貴人是他的岳父 L. S. 羅伯森（L. S. Robson）。岳父借他兩萬美元，讓他踏入零售業務，開了均一價商店的加盟店。後來，在華頓創設第一家沃爾瑪（Wal-Mart）時，羅伯森又偷偷多付了地主兩萬美元，提供極其重要的擴張租約。

愛因斯坦的第一位恩師是馬克斯・塔姆德（Max Talmud），塔姆德引導 10 歲的愛因斯坦接觸數學、科學和哲學領域的重要教科書。他在指導愛因斯坦時，每個星期都

和愛因斯坦家人共進一餐，時間長達 6 年。

　　沒有人是靠一己之力成功的。名主持人歐普拉・溫芙蕾（Oprah Winfrey）告訴《華盛頓郵報》的吉爾・尼爾森（Jill Nelson）：「如果沒有將我送到父親那裡，我會往另一個方向走。」歐普拉工作上的貴人，則是同時身兼「律師、經紀人、經理人和財務顧問」的傑佛瑞・雅各布斯（Jeffrey D. Jacobs）。在歐普拉向他徵詢有關工作合約的建議時，他說服歐普拉自創公司，哈普製作公司（Harpo Productions, Inc.）於焉誕生。

　　約翰・藍儂（John Lennon）和保羅・麥卡尼（Paul McCartney）在歌曲創作上相互影響而大放異彩的故事，全世界的歌迷耳熟能詳，但在錄音室，他們的貴人是喬治・馬丁（George Martin）。馬丁被認為是有史以來最傑出的唱片製作人之一，常被稱為「披頭五」（Fifth Beatle），披頭四（Beatles）專輯的製作他幾乎無役不與。馬丁運用他的音樂才華，填補了披頭四像璞玉那樣未經雕琢的部分和商業市場間的缺口。披頭四早年的唱片中，大部分的管弦樂安排和樂器編成，以及無數的鍵盤部分，都由馬丁寫成，或是和他們共同創作而成。

　　每個人都有對自己而言最重要，或者最先影響、訓練或管理他們的一個人。沒有人是獨自成功的。

> **「目的專一才能成功。」**
> ——知名美式足球教練
> 文斯‧隆巴迪（Vince Lombardi）

## 化熱情為才能

　　任何大獲成功的故事背後，總有「一件事」在那裡。它會出現在成功企業的故事中，以及成功人物的生活中，也可能出現在個人的熱情和才能中。每個人多少都有一些熱情和才能，然而你會發現，成功人物的身上只有一種強烈的情感，或者叫人驚歎不已的一技之長，定義他們成為什麼樣的人，鞭策他們產生力量。

　　熱情和才能間的界線相當模糊，總是連在一起。美國最傑出的印象派畫家之一派特‧馬修斯（Pat Matthews）說，他將自己對繪畫的熱情轉為才能，最後變成一種專業。方法很簡單，就是一天畫一幅畫。義大利最成功的導遊安傑羅‧艾摩里科（Angelo Amorico）說，他因為熱愛自己的國家，非常渴望和別人分享，所以刻意培養這方面的才能，最後經營起自己的事業。

　　不同凡響的成功故事都有類似的情節：因為熱愛某樣事情，所以投入非常多時間去練習或工作，最後化為才能；當才能更上一層樓時，成果也會更好。成果更好，通常會讓人感到喜悅，於是產生更多的熱情、投入更多的時間，形成一種良性循環，產生不同凡響的成果。

美 國 長 跑 選 手 吉 伯 特 ‧ 圖 哈 彭 耶（Gilbert Tuhabonye），生於東非蒲隆地的松加（Songa, Burundi）。熱愛田徑的他，中學二年級就贏得蒲隆地國家錦標賽男子 400 公尺和 800 公尺冠軍。熱愛跑步，救了他的命。

1993 年 10 月 21 日，胡圖（Hutu）族侵入圖哈彭耶的中學，抓住圖西（Tutsi）族學生。未當場喪生的人，在附近一棟建築慘遭毆打和活活燒死。圖哈彭耶被壓在燃燒的屍體底下 9 個小時之後，逃往附近一座安全的醫院，成為唯一的倖存者。來到美國德州後，他繼續參加比賽，磨銳技能，六度榮獲全美最佳獎。畢業之後，圖哈彭耶搬到奧斯汀（Austin），成了那裡最搶手的跑步教練。

為了在蒲隆地鑽井取水，他共同創立了瞪羚基金會（Gazelle Foundation），四處舉辦名為「為水而跑」（Run for the Water）的募款活動。你看出了貫穿他一生的主題嗎？

圖哈彭耶從參賽者到倖存者，從大學到職業生涯，再到公益活動，對跑步的熱情，成了他的一種技能，然後帶出一種專業，開啟了回饋的機會。他在奧斯汀萊迪伯德湖（Lady Bird Lake）旁的小徑上，遇到跑步同好所綻放的笑容，具體而微地顯示了，熱情可以如何成為技能，點燃、定義一段不同凡響的人生。

「一件事」在成功人物的一生中，一而再、再而三出現，因為它是根本真理。我看到了它，如果你允許，它也會

現身在你眼前。將「一件事」運用在工作和生活中，是推進自己往成功邁進最簡單、最聰明的事。

## 比爾·蓋茲打造不凡人生的哲學

如果我只能選一個人為例，來說明如何運用「一件事」打造不同凡響的人生，那麼這個人非比爾·蓋茲莫屬。

蓋茲在中學時期的熱情所在是電腦，因此他努力培養一種技能，也就是電腦程式設計。這段期間，他遇見保羅·艾倫（Paul Allen），給了他第一份工作，並且成為他設立微軟公司的合夥人。這件事之所以發生，全是因為他們寫了一封信給愛德·羅伯茲（Ed Roberts）。羅伯茲讓他們有機會為阿泰爾（Altair）8800 電腦寫程式，因而永遠改變他們的一生。他們需要的，就只是這麼一次機會。

微軟剛開始只做一件事：為阿泰爾 8800 發展和銷售 BASIC 直譯器，蓋茲後來因此連續 15 年成為世界上最富有的人。從微軟退休之後，蓋茲選了一個人接替他當執行長，這個人就是他在大學認識的史蒂夫·鮑爾默（Steve Ballmer）。鮑爾默是微軟的第三十名員工，也是蓋茲雇用的第一位商業經理人。故事還沒有結束。

蓋茲和妻子美琳達·蓋茲（Melinda Gates）決定將他們的財富投入改造世界的工作上。他們相信，每一個生命的價值都相同，因此決定成立一個基金會，只做一件事：著手處理「真正困難的問題」，例如健康和教育。基金會成立以

來，絕大部分的捐贈都流向一個地方，稱作「比爾與美琳達全球健康計劃」（Bill and Melinda's Global Health Program）。這個計劃的首要目標是，運用科學和先進技術拯救貧窮國家的人命。為了做到這件事，他們選定撲滅傳染病為「一件事」，使傳染病不再成為這些貧窮國家人民的主要死因。在這趟旅程的某個時間點，他們決定專心做可望達成目標的「一件事」，就是疫苗。比爾‧蓋茲解釋這個決定時說：「我們必須選擇能帶來最大影響的事情……疫苗是預防疾病的神奇工具，可以用便宜的方式生產。」美琳達只問一句話，他們就走上這條路：「這些錢可以用在什麼地方，發揮最大的影響？」蓋茲夫婦是「一件事」力量的活見證。

## 學著做好「一件事」

通往世界的大門已經打開，眼前看到的景象令人驚異不已。由於技術進步和創新的發達，我們能選擇的機會不計其數，各種可能性似無止境。這雖然深具鼓舞作用，卻同樣令人感到難以承受。無數的機會和可能性，帶來始料未及的結果。每天，轟炸我們的資訊和選擇多於先人一輩子遭遇到的。我們整天忙得團團轉、嘗試太多事情，成就卻很少，這樣的感覺折磨著我們，卻難以擺脫。

我們直覺上覺得，做得更少，才能實現更多，但問題是：從何處開始？生活給你那麼多，你要如何選擇？你要如何做出可能的最好決定、體驗不同凡響的人生，而且不再回

頭？那就是做好「一件事」。

「一件事」是成功的核心，也是取得卓越成果的起點。根據學者的研究和現實生活的體驗，以極其簡單的方式包裝成功，是個非常重要的觀念。解釋起來相當容易，實踐它卻十分困難。

因此，在我們打開天窗說亮話、探討「一件事」實際上如何運作之前，應當先坦誠討論有哪些迷思和錯誤的資訊，阻止我們接受這個概念，使我們誤以為那樣才會成功。從內心趕走這些謊言，就能敞開心胸，在一條明確的路上接納「一件事」。

# Part 1

## 擋在你和成功間的
## 六個迷思

「使你陷入麻煩的，不是你不知道的，而是你以為知道但其
實不然的事情。」

——馬克·吐溫

2003 年，權威的美國韋氏字典（Merriam-Webster）開始分析線上辭典的搜尋情況，以選出「年度代表字」。他們認為，被搜尋最多的字應當能反映人們在想些什麼。

　　韋氏字典第一次發表年度代表字是在英美兩國入侵伊拉克之後，似乎每個人都想知道「民主」（democracy）的真正意思。隔年，用於形容溝通新方式的新創單字「部落格」（blog）拔得頭籌。政治醜聞頻傳的 2005 年，則由「品德」（integrity）奪魁。

　　2006 年，主辦單位加了一點新花招，讓網民提出候選字，再由大家投票選出年度的代表字。結果，「似真非真」（truthiness）以五比一的懸殊比數勝出，這個字是喜劇演員史提芬・柯伯（Stephen Colbert）造的。他在喜劇中心頻道（Comedy Central）的《柯伯報告》（ *The Colbert Report* ）第一集裡曾說，「似真非真」是指「來自感覺的真，不是書上說的真。」在這個由 24 小時不斷出爐新聞、脫口秀廣播節目大吼大叫、部落文缺乏良好編輯的資訊時代中，「似真非真」捕捉了所有無意、偶發，甚至刻意造假的氛圍。它們只是聽起來「像真的」，我們就信以為真。

問題在於，我們往往根據自己信以為真的事情去行動，事實上根本不應該相信那些事情是真的。這麼一來，接受「一件事」就變得相當困難，因為那些「其他事情」往往混淆我們的想法，誤導我們的行動，使我們偏離成功大道。

人生太過短暫，我們沒有時間追逐獨角獸；人生太過寶貴，不能依賴幸運的兔腳。真正的解決方案總是藏在肉眼可及的地方，遺憾的是，為數眾多的廢話、最後證明是胡說八道的一大堆「常識」排山倒海而來，經常蒙蔽了真正的解決方案。

聽過你的主管拿「溫水煮青蛙」來做比喻嗎？「丟一隻青蛙到一鍋熱水中，牠會馬上跳出來，但如果你將牠放進溫水中，慢慢提高溫度，牠會被煮死。」這是個謊言，儘管聽起來好像有道理，畢竟還是謊言。

你應該也聽過「魚從頭先臭」？其實不然。這個無稽之談，一聽就讓人覺得可疑。

聽過西班牙探險家荷南·科蒂斯（Heron Cortez）一抵達美洲大陸，就將船燒掉，以激勵他的船員嗎？這並非事實，又是一個謊言。

「押注騎師，不要押注馬！」長久以來是句戰鬥口號，用於激勵你對公司的領導階層產生信心。但是，賭這句金玉良言，你很快就會變成窮人，並且懷疑這句話為何會成為金玉良言。

迷思和謬誤滿天飛，最後往往讓人覺得耳熟能詳，開始信以為真。接著，我們開始據此做出重要決定。

擬定成功策略時所面對的挑戰是，成功也有它本身的謊言，就像青蛙、魚、探險家和騎師的故事。「我要做的事情太多了！」、「同時做好一些事情，我才能實現更多」、「我需要更嚴以律己」、「每當我想要，應該都能做我想要的事」、「我的生活需要更平衡一點」、「也許我的夢想不該那麼大？」……只要這些想法重複的次數夠多，就會變成六大迷思，阻止我們去實踐目標。包括：

一、每件事情都重要。

二、同時多工。

三、嚴以律己。

四、意志力總是隨傳隨到。

五、生活平衡的重要。

六、眼高就是壞。

這六個迷思以信念的形式進入我們的腦海，成為操作性原則，把我們推往錯誤的方向。結果，康莊大道變成羊腸小徑；黃銅吸引住我們的目光，忘了想要挖的金礦。如果我們想將自己的潛力極大化，就必須各個擊破這些迷思。

# 4.

# 每件事都重要？

> 66 別讓重要的事被不重要的事牽絆。
>
> ——德國作家 歌德 99

　　從公義和人權的角度來說，平等是值得追求的理想；但在真實世界中，事情絕對不相等。不管老師如何打分數，兩個學生絕不相等。不管官員如何公平，競賽不會相等。不管人的才華有多高，沒有兩個人相等。

　　平等是個謊言。了解這一點，是做所有重大決策的基礎。那麼，你要如何做決定？一天之中有許多事情要做，如何決定先做哪一件？

　　小時候，我們大多是在時間到了，便去做該做的事，例如早餐時間、上學時間、做家庭作業的時間、做家事的時間、洗澡時間、上床時間。稍微長大一點，我們會多一點彈性的空間：只要晚飯前做好家庭作業，就能出去玩耍。長大成人後，每件事都需要自己做出選擇。當我們的生活被這些選擇所定義時，最重要的問題變成：如何做出好的選擇？

　　讓事情變得更加複雜的是，隨著年齡增長，「非做不可」的事情愈來愈多。於是我們預定要做的事過多、負擔過

多、承諾過多，「千頭萬緒」成了成年人的集體狀況。

這時，優先權的爭奪戰變得既激烈又瘋狂。由於缺乏明確的做決定公式，我們被動因應，只好依賴熟悉且令人放心的方式，來決定要做什麼事。於是，那些在毫無章法的情況下所選擇的方法，傷害到我們的成功。我們像二流恐怖電影中的行屍走肉、沒有頭緒，跌跌撞撞過著每一天。我們無法做出最好的決定，只好能做什麼決定就做什麼，原本該有的進步反而成了陷阱。

當每一件事情都讓人感覺急迫和重要，它們看起來似乎都相等。我們變得積極而忙碌，卻沒有更往成功靠近。我們做的事經常和生產力無關，忙碌卻很少忙在刀口上。

正如美國作家亨利·大衛·梭羅（Henry David Thoreau）說的：「單單忙碌是不夠的，螞蟻也很忙。問題在於，我們忙些什麼？」不分輕重處理好一百項任務，不能取代只做一件有意義的事。不是每一件事都同等重要，而且不是不論什麼人，只要做最多事情就能成功。可是，大部分的人卻是日復一日這麼做。

## 待辦事項多做無益

待辦事項清單是管理時間以邁向成功的必要工具。我們經常趁著頭腦還清醒的時候，隨手將自己的需要和別人的期望記在紙上，或是井然有序地整理在精美的記事本上。各種時間規劃工具為每天、每週和每個月的任務清單保留寶貴空

> **66** 最重要的事情，不見得
> 總是叫得最大聲。**99**
>
> ——澳洲前總理 鮑勃．霍克

檔，行動裝置上也有很多用於記錄待辦事項的應用程式
（Apps）。似乎不管到哪裡，大家都在鼓勵我們製作清單。
這些清單非常寶貴，卻也有不好的一面。

　　待辦事項清單相當實用，能將我們打算做的重要事情整
合在一起，卻也會列出不重要的瑣事，讓我們誤以為非做不
可，這也是為什麼多數人對待辦事項清單既愛又恨的原因。
如果你默許的話，它們就會像電子郵件收件匣那樣，告訴我
們該做什麼事，設定好優先順序。大部分的收件匣裡總有一
大堆不重要的電子郵件，偽裝成優先待辦事項。依照收信順
序處理這些任務，像讓人像唧唧作響、需要立即上油的輪
子。澳洲前總理鮑勃．霍克（Bob Hawke）有句話講得很
好：「最重要的事情，不見得總是叫得最大聲。」

　　高成就者用不同方式運作，他們總是著眼於非做不可的
事。他們停下夠長的時間，決定哪些事情更重要，讓那些重
要的事情引導他們的一天。高成就者會更早做其他人計劃稍
後才做的事，並且延後（甚至無限期延後）做其他人會提早
做的事。兩者的差異不在於準備做什麼事，而是優先順序；
高成就者總是十分清楚事情的輕重緩急，並據此來決定工作
的優先順序。

待辦事項清單的原始狀態是一張簡單的盤點表，很容易讓你迷失在一堆不重要的事情裡面。清單上記的只是你認為需要做的事，本質上缺乏成功的意圖。事實上，大部分待辦事項清單其實只是生存清單，幫你度過一天和一生，而不是讓每一天都成為第二天的墊腳石，循序漸進地建立成功人生。你只是花很長的時間，勾消待辦事項。一天結束時，垃圾桶滿了，桌面清理乾淨了，但這於事無補，和成功搭不上關係。你需要的是，刻意為取得卓越成果而製作的成功清單，不是待辦事項清單。

　　待辦事項清單通常很長，成功清單卻很短。前者把你拉往所有的方向，後者引導你往特定的方向前進。前者是雜亂無章的目錄，後者是井然有序的指示。如果一張清單不是為了成功而製作，那麼這不會是你要的。如果你的待辦事項清單列出每一件事情，它可能帶你到每個地方，卻不是你真正想去的地方。

　　那些成功的人如何將待辦事項清單化為成功清單？要做的事情那麼多，如何決定一天中的某個時間點，什麼事情最重要？照著管理大師約瑟夫・朱蘭（Joseph M. Juran）說的去做就行。

## 80/20 法則

　　1930 年代末期，通用汽車（General Motors）的一群經理人發現有件事很有趣，並且因此開啟驚人的突破大門。

原來，有部讀卡機突然跑出亂碼，他們檢查這部故障的機器，無意間發現將機密訊息加密的方式。這在當時可是不得了的大事。由於德國著名的密碼機「Enigma」在第一次世界大戰期間出現，所以加密和解密成了攸關國家安全的重要大事。通用汽車的經理人相信，他們無意間加密的訊息無法破解。然而有個人，也就是來訪的西方電器（Western Electric）顧問並不同意這樣的說法。他接受破解密碼的挑戰，忙到深夜，隔天早上三點前就解開了密碼，這個人正是朱蘭。

朱蘭後來表示，由於這件事，他開始破解更複雜的密碼，因而對科學和商業做出他最大的貢獻之一。由於他解密成功，通用汽車的高階主管請他檢視管理階層薪酬方面的研究，這套薪酬是根據鮮為人知的義大利經濟學家維弗雷多・帕雷托（Vilfredo Pareto）所說的一套公式而建立起來的。帕雷托在十九世紀時，針對義大利的所得分配寫了一套數學模式，說有80％的土地為20％的人所擁有，財富顯然分配不均。事實上，根據帕雷托的說法，財富是以很容易預測的方式集中在少數人手裡。朱蘭是品質管理的先驅，他注意到，少數問題通常會產生絕大部分的缺陷。他認為，不只在他那一行有這種失衡的現象，更懷疑這是普遍存在的情形。也就是說，帕雷托觀察到的事情，可能比他自己想像的還要廣大。

朱蘭在寫深具啟發性的《品質管制手冊》（*Quality*

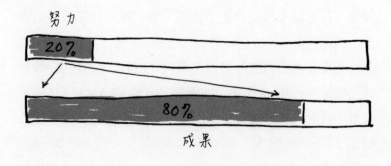

努力

20%

80%

成果

圖 4-1 根據 80/20 法則，非常少數的努力會帶來絕大多數的成果。

*Control Handbook*）一書時，想要給「重要少數和瑣碎多數」這個概念取個簡短的名稱。在他的手稿中，畫了許多圖，其中之一標示著「帕雷托的分配不均法則……」。若由其他人來命名，可能會稱之為「朱蘭法則」，但他最後則稱為「帕雷托法則」（Pareto's Principle）。

人們後來發現，帕雷托法則和萬有引力定律一樣真實，只是多數人未能感受到。它不只是個理論，更可以證明、預測大自然確切現象，是有史以來被人發現的最偉大的生產力真理之一。李察‧柯克（Richard Koch）在他寫的《80/20 法則》（*The 80/20 Principle*）一書，將它定義得相當好：「80/20 法則指出，少數一些成因、投入，或者努力，通常會帶出絕大多數的成果、產出或報償。」換句話說，在成功的世界中，凡事並不相等。少數一些原因會創造大部分的成

果。正確的投入，會產生大部分的產出；若干努力會帶來幾乎全部的報償。

帕雷托為我們指出一個非常明確的方向：你想要的，絕大多數來自你所做的非常少數事情。不同凡響的成果，是由少於大部分人所想的行動，不成比例創造出來的。

不必執著於數字，帕雷托的真理是在分配不均上，而且雖然比率經常被說成是 80/20，實際上可以是各式各樣的組合。視不同的情況而定，也有可能是 90/20，也就是 90％的成功來自 20％的努力，也可以是 70/10 或 65/5。但是務必了解，這些基本上全是從相同的法則而來。朱蘭的真知灼見在於，並非每件事情都一樣重要；有些事情比其他事情重要，而且重要許多。一旦你採用帕雷托法則，待辦事項清單就會變成成功清單。

80/20 法則是我在事業生涯中，最重要的成功引領準則之一。其所描述的現象，我一而再、再而三地在生活中看過。少數一些觀念帶給我最多的成果，例如有些客戶遠比其他客戶要有價值；少數一些人締造我公司的大部分業務；少數一些投資將大部分錢放進我口袋。不管我到哪裡，分配不均的概念都會跳出來。它愈常出現，我愈會注意到；而我愈是注意，它愈常出現。最後，我不再認為這只是巧合，便開始將它當作成功的絕對法則，並且加以運用。不只用在自己的生活，也用於和別人一起工作。結果，成效不同凡響。

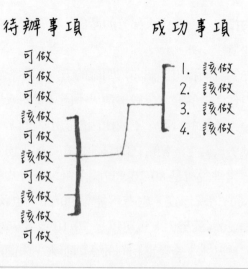

圖 4-2 當你排好優先順序，待辦事項清單就會成為成功清單。

## 極端帕雷托

　　帕雷托證明了我將告訴你的每一件事，然而他往前推得還不夠遠。我希望你更進一步，將帕雷托法則運用到極致：找出那 20％，從小處著手，然後再從重要的少數中找到關鍵的少數，從更小處著手。80/20 法則是成功的第一個字，但不是最後一個。帕雷托起頭的事，必須由你收尾。成功需要你遵循 80/20 法則，但不必停在那裡。

　　繼續縮小清單，你真的可以從 20％中找到 20％中的 20％，直到縮減成一件最重要的事。不管任務、使命或目標為何，不管它們是大或小，你想要多長的一張清單，就從

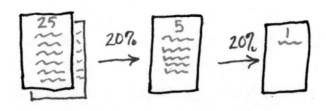

圖 4-3 不管一開始你有多少待辦事項,總是把它們縮減為一件。

那麼長做起。務必養成一種心態,相信自己能從那裡不斷去
蕪存菁,只剩十分重要的少數,而且不縮減成「非做不可的
一件事」,絕不停止。

　　2001 年,我召集重要的高階主管團隊開會。公司雖然
快速成長,同業卻還是沒將我們放在眼裡。我向團隊成員提
出挑戰,要他們腦力激盪,想出改變現狀的 100 種方式。
我們花了一整天的時間擬好清單,隔天早上我們將清單縮減
為 10 項想法,再從那裡面挑出一個大觀念。我們決定的那
件事,是要我寫一本書,主題是「如何成為業界的佼佼
者」。結果奏效,8 年後,那本書不只成為全美暢銷書,更
出版了一系列書籍,總銷售量超過 100 萬本。同樣地,現
在停下來算一下,100 個觀念裡面的一個,這是將帕雷托法
則推到極致。我們想得很大,卻從非常小的事情著手。

　　這個觀念不只適用於商業。40 歲生日那天,我開始學
吉他,卻發現自己一天只能練習 20 分鐘,所以我知道必須

縮減學習內容。我請朋友艾瑞克‧強森（Eric Johnson）提出建議，他是有史以來最出色的吉他手之一。強森表示，如果我只能做一件事，那麼應該練習音階。我聽他的話，選擇練習藍調音階。我發現，學了那個音階之後，就能彈奏從艾力克‧克萊普頓（Eric Clapton）、比利‧吉本斯（Billy Gibbons）等偉大古典搖滾吉他手的許多獨奏曲。甚至可能終有一天，也能彈奏強森的獨奏曲。音階成了我彈吉他的「一件事」，為我開啟搖滾世界的那扇門。

只要用心，生活中的每個地方都能看到不同的努力，取得不一樣的成果。如果你願意運用這個法則，那麼，你覺得重要的任何事情，便可望成功。總是有少數事情比其他事情重要，而且其中只有一件事最重要。將這個概念內化，就會像是拿到一只魔法羅盤。每當你覺得迷失或者缺乏方向，都能掏出它來，提醒自己去發現最重要的事。

一、**小處著手**。別埋頭瞎忙，把焦點放在發揮生產力上，讓最重要的事引導你一天的行動。

二、**去蕪存菁**。一旦找到真正重要的事情，仍要不斷問自己什麼是最重要的，直到只剩下一件事。那個核心活動必須擺在成功清單的最上頭。

三、**懂得說不**。不管你表示「晚點再說」或者「永遠免談」，重點都是對你可做的其他任何事情說「不是現在」，直到做好你最重要的工作。

四、**不要掉進「勾消」待辦事項的陷阱中**。如果我們相信不是每件事都一樣重要，就必須根據這樣的信念去行動。我們不能陷入「每件事情都做完才能成功」的想法中，當然也不能掉進「勾消」的遊戲中，因為這樣的遊戲永遠不會產生贏家。謹記，凡事不是同等重要，只有做最重要的事才能成功。有些時候，那是你做的第一件事；有些時候，那是你做的唯一一件事。不管如何，做最重要的事，永遠是最重要的事。

# 5.

# 同時多工比較快？

**❝「一次做兩件事，等於都沒做。」❞**
——古羅馬格言家 普布里烏斯 · 西魯斯（Publilius Syrus）

那麼，如果最重要的是去做好最重要的事，為什麼你會想要同時做其他事？這是個好問題。

2009 年夏季，克里佛 · 納斯（Clifford Nass）設法了解所謂的「多工處理者」（multitaskers）能多工處理得多好。納斯是史丹福大學教授，他告訴《紐約時報》說自己對多工處理者「敬畏有加」，而且表示自己十分不擅長同時做很多件事。他和他的研究團隊發給 262 位學生問卷，探討他們多常多工處理。他們將受測者分成高度和低度多工處理者，並且事先假定，經常多工處理者的表現比較好。結果，他們錯了。

納斯說：「我本來以為他們擁有什麼祕密能力，後來才發現高度多工處理者的心思雜亂。」他們在每一個測量上的表現都落後。雖然他們說服自己和世界相信他們擅長此道，但是有個問題存在，以納斯的話來說，那就是：「多工處理者每樣事情都做得很差勁。」

> **66** 「做很多事只是讓你有
> 機會同時搞砸不只一件
> 事情。」
>
> ——史提夫‧尤傑爾
> （Steve Uzzell）**99**

必須同時做很多事是句謊言。它是謊言，因為幾乎每個人都認為這麼做可以取得很好的效果。這成了一種主流想法，大家都認為他們應該這麼做，而且要盡可能經常這麼做。我們不只聽到有人說他們這麼做，甚至聽到他們說做得愈來愈好。有超過六百萬個網頁教人怎麼做這件事，求職網站將「同時做很多事」列為雇主尋找的技能，也認為想找工作的人應該將它列為強項。有些人甚至以他們擁有這種技能為豪，並且視之為一種生活方式。然而，這些人都在「說謊」，因為事實上，同時做很多事既缺乏效率，也缺乏效能。在講究成果的世界中，也會使你屢屢敗下陣來。

當你嘗試一次做兩件事，你一定不能或者做不好任何一件事。如果你認為，同時做很多事是做更多事情的有效方式，那麼你就錯了。你必然因此只能做好比較少的事情。

## 彷彿躁動不安的猴子

自 1920 年代以來，心理學家就一直在研究人類一次做一件以上事情的概念，但是「多工處理」這個詞直到 1960

年代才躍上檯面。

　　這個字原本是用來描述電腦，不是用於描述人。那時，10兆赫顯然快得叫人目眩神馳，所以需要一個新字才能描述電腦快速執行許多任務的能力。事後來看，他們可能選錯了字，因為「多工處理」一字本質上有欺人之嫌。多工處理其實是指好幾項任務交替分享中央處理器（CPU），但是一段時間後，情境改變，被人解釋成一種資源（一個人）同時做好幾件事。字詞如此轉用相當聰明，卻誤導了我們，因為連電腦一次也只能處理一段程式碼。當它們「多工處理」時，只是將注意力交替投入不同的任務，直到做完兩件事為止。由於電腦處理幾項任務的速度非常快，因此讓人產生錯覺，誤以為所有的事情同時發生。接著，將人比喻成電腦，就產生混淆。

　　人確實能夠同時做兩件或更多件事情，例如邊走路邊講話，或者邊嚼口香糖邊看地圖；但是和電腦一樣，我們無法同時關注兩件事。我們的注意力來回跳動，對電腦來說這沒關係，卻會讓人受到嚴重的影響。如此一來，我們可能同意兩架客機在相同跑道上落地、拿錯藥給病人、將幼童留在浴缸中……所有這些可能導致的悲劇，共同點在於人們試著一次做許多事情，忘了做真正該做的事。

　　說起來奇怪，但是不知為什麼，現代人給人的印象就是多工處理者。我們認為自己能夠同時做很多事，於是覺得應該這麼做。孩子邊念書邊發簡訊、聽音樂或看電視；大人邊

開車邊講電話、吃東西、化妝，甚至刮鬍子；在某個房間做某件事，卻同時和隔壁房間的某個人講話；拿著智慧型手機坐上餐桌……並不是時間太少，沒辦法做需要做的所有事情，而是我們覺得需要在有限時間內做更多事情。於是，我們同時做兩件事、三件事，希望每件事都能做到。

在工作場合也一樣，現代辦公室充滿著許多教人分心的多工處理需求。就在你埋頭苦幹、想要完成一項專案的時候，附近隔間有人咳了起來，問你有沒有喉片。辦公室的傳呼系統不斷發出訊息，對講機附近聽力可及的範圍內，每個人的耳根都不得清淨。一天 24 小時，收件匣會通知你有新的電子郵件來到，社群媒體的新聞饋送一直試著吸引你的注意力，桌上的行動電話三不五時就因為新的簡訊而震動。一堆還沒有打開的郵件以及另一堆未完成的工作，就躺在你視力可及的範圍內，同事也整天在你辦公桌附近晃來晃去，冷不防就問你個問題。有那麼多令人分心、干擾、中斷你工作的事情存在，想要集中心神在工作上，讓人倍感吃力。研究人員估計，員工每 11 分鐘就會被打斷一次，整天得花約三分之一的時間，從這些教人分心的事情恢復過來。儘管面對這般景況，我們仍然假設自己處理得來，能在截止期限內完成所有必做的事情。事實上，我們只是在欺騙自己。

同時多工是場騙局。桂冠詩人比利·柯林斯（Billy Collins）總結得很好：「我們稱它為多工處理，聽起來像是有能力同時做很多事。……佛教徒會說，這樣的不定，有如

躁動不安的猴子。」我們認為自己擅長多工處理，事實上只是讓自己的心不安定。

## 多方兼顧是個錯覺

我們是自然而然這麼做的。每天平均有 4000 個想法進出人們的腦海，所以很容易了解為什麼我們想要同時做很多事。如果每 14 秒鐘想法就會改變一次，引誘我們改變方向，那麼人們顯然不斷受到誘惑，試圖一次做太多事情。做任何一件事情，距我們想起可以做另一件事只有幾秒之久。此外，歷史告訴我們，人類需要進化到能夠同時監視幾件事，才能繼續存在。人類的祖先如果在採摘漿果、晾曬獸皮，或者辛苦捕獵一整天之後呆坐火邊時，不能一邊留意是否有掠食性動物靠近，他們就不可能存活很久。人們想要兼顧好幾件事，不只是大腦運作的核心，也很可能是生存之必要。但是，多方兼顧不是多工處理。

在沒有細看清楚的觀眾眼裡，雜耍藝人似乎同時丟出三顆球；事實上，他是以快速的連續動作分別接住和拋出每一顆球。接、拋、接、拋、接、拋，一次一顆球，這就是研究工作者所說的「任務切換」（task switching）。

當你從一項任務切換到另一項任務，不管是否自願，會有兩件事情發生。第一件幾乎即刻發生：你決定切換。第二件比較不容易預測：你必須啟動「規則」，去做你打算做的任何事情。在兩件簡單的事情，例如看電視和摺衣服之間切

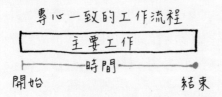

---

圖 5-1 多工處理不但沒有節省時間，反而浪費時間。

換，速度很快且不費吹灰之力。但如果你正在處理電子試算
表，卻有一位同事闖進你的辦公室，討論一項業務問題，那
麼由於兩件事情相當複雜，所以你不可能輕易在兩者間跳來
跳去。你總是需要一點時間，才能開始做新的事情，以及重
新開始做之前暫時擱置一旁的事情，而且沒人保證你能從之
前放下的地方立即重新進入狀況。做這種事情需要付出代
價，研究工作者大衛·梅耶爾（David Meyer）表示：「由
於必須切換任務而多付出的時間是一種成本。這種成本的多
寡取決於任務有多複雜，所花時間可能從簡單任務的增加

25％或更低，到非常複雜任務的增加100％或更多。」事實上很少人知道，他們需要為切換任務而付出成本。

## 大腦無法同時專注兩件事

當我們真的同時做兩件事時，會發生什麼事？答案是，我們會將兩件事分隔開來。大腦裡有一些通道，能在不同部位處理不同種類的資料。所以，你能邊走路邊講話，這不會有通道干擾的問題。問題是，你並不是真的同時專注於兩個活動；其中之一發生於前景，另一發生在背景。如果你正試著和一位飛機乘客講話，教他如何降落一架雙引擎飛機，你會停止走路。同樣地，當你扶著繩索橋梁橫越大峽谷，很可能會閉嘴不語。你能同時做兩件事，卻無法同時有效地專注於兩件事。連我家的狗麥斯也知道這一點，每當我沉迷在電視上的籃球比賽，牠會輕輕推我，顯然在緊張關頭，我會忘了好好搔牠的背，令牠不滿。

許多人以為，由於他們的身體不自覺地運作，所以他們是在多工處理。沒錯，確實如此，但實際情形不像他們想的那樣。人體的許多動作，例如呼吸，是由大腦的不同部位指揮，而不是由負責專注的部位管理，因此不會有通道衝突的問題。當我們說「前排中間」（front and center）或「心思上層」（top of mind），用詞一點也沒錯，因為那正是專注力發生的地方，也就是大腦的前額葉皮質。當你專心做一件事的時候，就好比將聚光燈打在重要的事情上；當你同時注

意兩件事時，那是所謂的「分散注意力」（divided attention）。沒錯！同時做兩件事，你的注意力就會分散。再做第三件，有些事情就會漏掉。

當一件事需要更加注意，或者它闖進已經在使用的通道，想要同時專注於兩件事就會出問題。當你的另一半談起家中客廳的家具已經重新擺設，你的心靈之眼就會用視覺皮質看到它。如果你當時正在開車，這種通道干擾會使你看到新沙發和鴛鴦椅的組合，結果可能沒注意到前車的煞車燈亮了起來。總之，你無法有效地同時專注於兩件重要的事。

每次我們試著同時做兩件或更多件事情，結果只是分散了自己的專注力，並在過程中簡化所有的結果。下列是多工處理令我們腦部短路的一些事情：

一、任何時候，大腦的處理能力就是那麼大。你想分散多少，儘管分散，但會付出時間和效能方面的代價。

二、切換到另一件事所花的時間愈多，愈不可能重回原來的事，因此，沒完成的事愈積愈多。

三、在一項活動和另一項活動之間跳來跳去，由於大腦需要重新調適新的任務，你會浪費時間，那些失去的一分一秒不斷累積。研究人員估計，我們每天因為多工處理導致效能降低，平均損失 28％的時間。

四、長期的多工處理者會產生扭曲的感覺，不知到底需要多長時間才能處理好事情。他們總是相信，完成工作所需的時間少於實際需要的。

五、多工處理者犯下的錯誤多於非多工處理者，做出的決定往往較差，因為他們喜歡新資訊甚於舊資訊，即使舊資訊比較寶貴。

六、多工處理者會承受更多的壓力，以致減損生活品質、抑制快樂。

既然研究一面倒指出有這些事情存在，我們卻在明知多工處理容易犯錯、做出不良決策和承受壓力的情況下，還是想這麼做，這似乎荒誕不經。根據統計，用電腦工作的勞工每小時內平均切換視窗、檢查電子郵件或其他程式的次數高達 37 次。處在容易分心的環境中，令我們更難專心。也許這種情況會令人亢奮。媒體多工處理者真的會因為切換工作，導致多巴胺激增而感到興奮，並且成癮。不這麼做，他們可能覺得無聊。不管原因是什麼，結果一清二楚：多工處理減慢了我們的速度，使我們的思慮不再那麼清明。

## 分心駕駛的後果

2009 年，《紐約時報》的記者邁特‧李切特（Matt Richtel）因為撰寫一系列文章〈分心駕駛〉（Driven to Distraction），探討邊開車邊發簡訊或使用行動電話的危險，而榮獲普立茲國家報導獎（Pulitzer Prize for National Reporting）。

他發現，分心駕駛佔所有交通死亡事故原因的 16％，每年造成約 50 萬件傷害。即使開車時不持聽筒講電話，也

會使你的專注力降低 40％，造成的影響跟酒醉駕車一樣。由於證據確鑿，許多州和城市禁止開車時使用行動電話，這是有道理的。雖然還是有父母開車時會偷偷使用行動電話，卻不准家裡的孩子這麼做。只要發個簡訊，家庭休旅車頓時會成為兩噸重的致命攻城錘。多工處理造成的死傷，可不只這一種。

我們都知道，在攸關人命的場合，多工處理可能使人失去性命。我們衷心期盼飛機駕駛員和外科醫生全神貫注在他們的工作上，將其他事拋諸腦後。我們也希望這些人一旦被發現沒有全神貫注在工作上，一定遭受嚴屬的懲罰。我們不接受任何託辭，也不能容忍這些專業除了全神貫注之外的任何行為。

可是，我們自己卻採用另一套標準。難道我們不珍惜自己的工作，或者不認為自己的工作一樣重要？在我們做自己最重要的工作時，為何會容忍一心多用？我們的日常工作雖然不必涉及心臟繞道手術，卻不表示專注對於我們的成功或者別人的成功就沒那麼重要。你的工作得到的尊重並沒有比較少。當下或許不是那麼重要，但是我們所做的每一件事情都會串聯起來，最後表示我們每一個人不只有事情要做，而且值得把事情做好。我們應該用這種方式思考：如果每個工作日都因為分心而損失約三分之一，整個事業生涯累計會損失多少？其他人的事業生涯會有多少損失？整家企業呢？當你用這種方式思考，你可能發現，如果不設法解決這件事，

你可能失去事業生涯或是整家公司。更糟的是，也會導致別人失去他的事業生涯。

　　除了工作，分心會對我們的個人生活造成什麼樣的傷害？作家戴夫·克倫蕭（Dave Crenshaw）寫得很好：「和我們每天一起生活、一起工作的人，值得我們付出全部的注意力。當我們只給別人片段的注意、零碎的時間，切換成本會高於所投入的時間，傷害我們與別人之間的關係。」每次我見到一對夫妻共進晚餐，其中一人熱切地想和對方說話，另一人卻在桌子底下滑手機發簡訊，就會想起這句話。

一、**分心是很自然的事**。當你分心，不要覺得難過，因為每個人都會分心。

二、**同時做很多事會付出代價**。不管在家，還是在工作上，分心都會使人做出不良的選擇、犯下令人痛苦的錯誤，以及承受不必要的壓力。

三、**分心會傷害成果**。當你一次想要做太多事情，最後什麼事也做不好。不妨想想當下什麼事情最重要，給它沒有切割的注意力。

為了將「一件事」的原則用在工作上，你絕對不能接受「同時做兩件事是個好主意」這句話。雖然有時可能同時做很多事，但效果絕對不可能很好。

# *6.*

# 嚴以律己就能成功？

> 66「我們的文化中最流行的迷思之一，便是
> 自律。」
>
> ——作家 李奧·巴伯塔（Leo Babauta）99

大家都以為，成功的人必定嚴以律己，過著自律的生活。其實這是一種迷思。

事實上，除了已經有的，我們不需要更多的紀律，只需要稍微把它引導和管理得更好就行。

和大部分人所相信的恰好相反，成功不是行為自律的馬拉松長跑。想要有所成就，不需要時時當個自律的人、每一項行動都受過訓練，或者能用控制力去解決每一種狀況。成功其實是一場短距離賽跑。紀律只需要維持得夠久，足以養成習慣，然後由習慣接手，來個衝刺就可以。

如果我們知道需要做某件事，但還沒去做，這時往往會對自己說：「我需要更加自律。」事實上，我們需要的是養成去做的習慣。而且，只需要擁有足以以養成習慣的紀律就可以。

討論成功的時候，「紀律」和「習慣」最後一定交會。

雖然意義各不相同，兩者卻強而有力地結合起來，成為成就的基礎——經常去做某件事情，直到它為你效力為止。當你嚴以律己，本質上是在訓練自己以特定的方式行動。只要維持夠長的時間，它就會成為例行作業。換句話說，成為一種習慣。因此，當你見到有人看起來像是「自律」的人，其實你看到的是已經在生活中養成某些習慣的人，這使他們看起來像是「自律」。

再說，有誰想要這樣？一想到你的每一個行為，都要靠訓練去塑造和維持，聽起來就非常不可能，也極為無趣。大部分人最後都會做成這樣的結論，卻覺得似乎別無他法，只好加倍努力去做不可能做到的事，或者悄悄放棄努力。這一來，挫折與日俱增，最後意氣消沉。

你不需要自律才能成功。事實上，不如你所想的那麼自律，也能成功。理由很簡單：成功是指做對的事，但不是把每件事都做對。

成功的祕訣，在於選對習慣，並以夠多的自律來養成習慣就可以，就是這麼簡單。這就是你所需要的自律。當這種習慣成為生活的一部分，你看起來就會像個自律的人，但你不是。你這個人，只不過是某樣事情經常在為你效力，因為你不斷在做那件事。你會成為使用選擇性自律，養成強而有力習慣的人。

## 選擇性自律造就泳將

奧運游泳選手麥可‧菲爾普斯（Michael Phelps）是選擇性自律的好例子。小時候，他被診斷出患有注意力不足過動症（ADHD），幼稚園老師告訴他媽媽：「菲爾普斯沒辦法坐著不動，安靜不下來……他缺乏天分。令郎永遠無法專注於任何事情。」11歲之後，他的教練鮑伯‧鮑曼（Bob Bowman）表示，菲爾普斯上游泳課時，常因為搞蛋，被救生員叫上池邊。長大成人後，他依然三不五時行為不檢。

可是，他創下數十項世界紀錄。2004年，他在雅典奧運贏得六面金牌和二面銅牌，接著在2008年的北京奧運會，寫下勇奪八面金牌的新紀錄，超越傳奇色彩濃厚的馬克‧史畢茲（Mark Spitz）。他的十八面金牌，締造了奧運選手的紀錄，成為有史以來得獎最多的奧運選手。一位記者談起菲爾普斯說：「如果他是個國家，那麼在前三次奧運會中，他排名第十二。」他的母親說：「菲爾普斯能夠那麼專注，令我驚訝不已。」鮑曼稱這為「他的最強特質」。這種事情是怎麼發生的？「永遠無法專注於任何事情」的這個男孩，怎能有那麼大的成就？菲爾普斯成了選擇性自律的人。

從14歲起，菲爾普斯每個星期受訓7天，一年365天，每天高達6個小時泡在水裡。鮑曼說：「疏導發洩他的精力，是他的強項之一。」雖然有點過度簡化，但這麼說並不誇張：菲爾普斯將他全部的精力疏導到一種紀律，進而養成每天游泳的習慣。

培養正確習慣的好處十分明顯，然而令人驚歎的意外收穫，有時會被人忽視。你的生活也被簡化了，變得更加清楚、不再那麼複雜，知道自己必須做好什麼事情，以及不必做好什麼事情。事實上，只要在正確的習慣上嚴以律己，其他領域就不必那麼自律。當你做對的事，就能將自己解放出來，不必苦苦監視每一件事情。

菲爾普斯找到他的「最佳擊球點」（sweet spot），也就是最能發揮所長的地方，是在游泳池。嚴以律己去做這件事，一段時間下來，便成為改變他一生的習慣。

## 66 天把苦差事變習慣

總而言之，你必須經由自律養成習慣。老實說，大部分人絕對不會真的想談這些。這怎能怪他們呢？我也不想談。想起這些字眼，我們腦海中浮起的畫面，是非常吃力和令人不快的。光看這些字眼，就覺得好累。但也有好消息要告訴你：正確的自律對我們大有幫助，而且習慣只有在一開始的時候比較費力。一段時間之後，你所追求的習慣就會愈來愈容易維持。

維持習慣所需的精力和努力，遠低於一開始的時候。忍耐自律夠長的時間，把它化為一種習慣，旅程給人的感覺就會很不一樣。鎖定一種習慣，讓它成為生活的一部分，你就不必那麼大費周章，才能有效執行例行作業。苦差事成了習慣，而習慣又會使苦差事做起來得心應手。

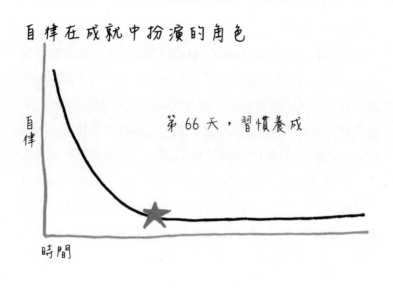

**自律在成就中扮演的角色**

第 66 天，習慣養成

自律

時間

---

圖 6-1 新的行為一旦成為習慣，就不需要花那麼大的力氣維持紀律。

那麼，你必須維持自律多長的時間？倫敦大學學院
（University College of London）的研究人員有答案。2009
年，他們問了這個問題：養成新習慣需要多長的時間？他們
要知道的是，到了什麼時候，一種新行為會自然而然出現或
者根深柢固。

他們請學生訂定運動和節食目標一段期間，並且監控他
們的進度。結果顯示，養成新習慣平均需要 66 天。養成正
確習慣需要花點時間，千萬不要太早放棄。決定什麼習慣是
正確的之後，接著給自己需要的時間，並且運用你所能展現

的自律去培養它。

　　澳洲的研究工作者梅根・歐頓（Megan Oaten）和鄭肯（Ken Cheng）甚至找到證據，證實養成好習慣會有光環效應。他們所做的研究顯示，成功養成某種正面習慣的學生，覺得自己壓力較低、衝動性支出較少、飲食習慣較好、少喝酒、抽菸和喝咖啡、看電視的時間減少，甚至髒盤子也比較少。維持自律的時間夠長而養成一種習慣，不只更加容易維持那種習慣，其他事情也更容易上手。這是為什麼擁有正確習慣的人表現似乎優於他人的原因。他們經常做最重要的事，因此其他每件事做起來更為容易。

一、**別做自律的人。**要當個擁有某種好習慣的人,並以選擇性自律去養成它們。

二、**一次養成一種習慣。**成功是循序漸進的,不是齊頭並進。沒有人能夠真的自律,一次養成一種以上的新習慣。極為成功的人,不是超人,只是運用選擇性自律,培養少數一些重要的習慣。總之,一次養成一種習慣,持續不輟。

三、**給每一種習慣夠長的時間。**維持自律夠長的時間,讓它成為例行作業。習慣平均需要 66 天才能養成。一旦某種習慣穩固建立,就能藉那種習慣更上一層樓。合適的話,再去培養另一種習慣。

如果因為你重複做某件事而有所成,那麼成就並非來自你所採取的行動,而是來自你融入生活裡的某種習慣。你不必刻意尋找成功,只要運用選擇性自律的力量,養成正確習慣,不同凡響的成果自然會找上門來。

# *7.*

# 意志力總是源源不絕？

> 「奧德修斯（Odysseus）曉得人的意志
> 力有多脆弱，所以要求屬下將他綁在船桅
> 上，才敢將船駛進歌聲有如天籟般的海妖
> 附近。」
>
> ——美國作家 派翠西亞·柯恩（Patricia Cohen）

　　為什麼你得辛辛苦苦去做某件事？為什麼撞球要刻意留
下八號球到最後才進袋、刻意在岩石等險惡的地方攀爬，或
者故意將一隻手綁在背後工作？你不會這麼做的。但是大部
分人每天都在無意間做這樣的事。當我們將成功和意志力綁
在一起，卻不了解它的真正意思，便是陷自己於失敗之境。
其實，我們不必這樣。

　　「有志者事竟成」這句古諺，常被人用來強調決心的重
要。然而這句話帶來的誤導，可能和它的幫助一樣多。人們
經常脫口而出這句話，然後迅速流經我們腦海，卻極少有人
靜下心來聽聽「它完整的意思」。這句話普遍被視為個人力
量的單一來源，並且被誤解成邁向成功的不二法門。但是意
志要發揮最強的力量，不只如此而已。如果只是將意志力解

讀為將人的某種性格召喚出來,你會錯過另一個極為重要的元素:時機。

　　這輩子大部分時候,我沒有花很多心思去想意志力的問題。一旦開始去想,便為之著迷。一個人有能力控制自己,決定他的行為,是個相當強大的觀念。如果這是根據訓練而來,我們稱之為自律。但如果只因為你能,便去做,那就稱之為「意志力的力量」。

　　「喚醒我的意志,成功就是我的」,這樣的說法聽起來頭頭是道,因為「有志」,我就會走在「事竟成」的路上。遺憾的是,就在我準備發揮意志力,邁向唾手可得的目標時,很快就發現令人洩氣的事情:我不是一直都有意志力。上一刻,我有意志力,下一刻意志力竟然又消失無蹤,隔天又不知打哪兒冒出來。意志力似乎來了又走,好像有自己的生命似的。憑著力量十足但時有時無的意志力去爭取成功,似乎是件傻事。

　　在面臨失敗之後,我一開始的想法是:我到底哪裡不對勁,我是個失敗者嗎?顯然如此。看起來我似乎缺乏勇氣、性格不夠堅強,內心也不夠剛毅。於是我再次鼓起勇氣,決心全力以赴、加倍努力,卻只能做成卑微的結論:意志力不是隨傳隨到。儘管我的動機夠強,意志力卻不是隨時等著供我差遣。我為此驚訝不已,因為我以前總是認為它就在那裡。每當我想要,只要叫它出來,就能得到我想要的任何東西。結果我錯了。

「意志力總是隨傳隨到」是個迷思。大部分人認為意志力很重要，但可能沒有充分理解它對成功有多重要。有個相當奇特的研究計劃，揭露了這個事實。

## 幼兒酷刑

1960 年代末期和 1970 年代初期，研究工作者華特·米歇爾（Walter Mischel）開始以有計劃地「折磨」史丹福大學賓恩幼兒托育中心（Bing Nursery School）的 4 歲小孩。在父母同意下，超過五百位小孩自願參加這項有如惡魔般的計劃。許多父母後來和其他數百萬人一樣，看著影片中扭捏不安的可憐小孩，大笑不已。這項可怕的實驗稱作「棉花糖試驗」，是觀察意志力的一個有趣方式。

實驗人員給孩子們三樣點心中的一樣：椒鹽脆餅、小甜餅，或是後來非常有名的棉花糖。研究人員告訴孩子們：「我有事必須離開，如果你能等 15 分鐘，等到我回來，會有第二份點心給你吃。」孩子們必須在現在吃一份點心，或者稍後吃兩份點心之間做選擇。在研究人員解釋基本規則之後，有些孩子馬上表示不想玩，米歇爾因此知道這項測試設計得很好。

孩子們單獨面對不能吃的棉花糖，會使出各式各樣的拖延策略，從閉上眼睛、抓頭髮、別過頭，到在點心上面搖頭晃腦、聞它，甚至還有人撫摸點心，不一而足。平均而言，孩子們堅持不到三分鐘。而且只有十分之三的孩子能夠延後

滿足，直到研究人員回來。顯然大部分的孩子難以延後滿足；換句話說，意志力供不應求。

起初，沒有人想到棉花糖測試的結果和一個孩子的將來有關。這方面的洞見是自然而然形成的。原來米歇爾的三個女兒都上賓恩幼兒托育中心，接下來幾年，他經常問她們參與實驗的同學平常表現如何，他慢慢發現了一種型態，那就是願意耐心等到第二份點心送上來的孩子表現似乎比較好，而且好很多。

1981 年，米歇爾開始以有系統的方式，追蹤原來的受測者。他取得成績單、蒐集各種紀錄，並且寄出問卷，試著衡量他們的相對學術與社會成就。他的直覺是對的——意志力或者延後滿足的能力是預測將來成功的良好指標。接下來三十餘年，米歇爾和他的同事發表不計其數的論文，探討「高延後者」的表現有多好。在實驗中成功領得第二份點心的人整體學術成就比較高、學力性向測驗（SAT）分數平均高出 210 分、較肯定自我價值，而且壓力管理得比較好。另一方面，「低延後者」過胖的可能性高出 30％，日後的吸毒率也比較高。母親告訴你「等待的人有福」，可不是在開玩笑。

由此可見，意志力十分重要，如何善用應該列為優先要務。遺憾的是，由於它不能隨傳隨到，所以你必須好好管理，才能使它發揮最好的效果。

正如「早起的鳥兒有蟲吃」和「未雨綢繆」這兩句話，

意志力是個時機問題。當你有意志力，事情便可望成功。雖然個性是意志力的根本要素，如何善用它的關鍵，卻在於你什麼時候用它。

## 可再生能源

不妨把意志力想成行動電話上的電量指示計，每天早上，電量都滿格。一天下來，每次你用它，就會少掉一些電力。因此當綠色電量計變低，你的決心也是，等到最後變成紅色，能用的電力就少之又少。意志力就像電量有其上限的電池，雖然電量有限，但是可以在待機時充電。由於意志力的供給有限，每次發揮意志力去做事，就會產生有贏就有輸的情況：透過意志力而贏得眼前的一仗，會提高你稍後落敗的可能性，因為你的意志力變少了。忍耐了整整一天之後，深夜受不了點心的誘惑，節食計劃便功虧一簣。

每個人都同意，必須管理有限的資源，但我們並未承認意志力是一種有限的資源。我們在行動時，表現得就像意志力的供給永無止境。因此，我們不認為它就像食物或睡眠那樣，是必須加以管理的個人資源。這樣的做法一而再、再而三陷我們於左支右絀之境，也就是在我們最需要意志力的時候，它可能偏偏不在那裡。

史丹福大學的教授巴巴・希夫（Baba Shiv）所做的研究顯示，我們的意志力稍縱即逝。他將 165 位大學生分成兩組，請他們分別記憶兩位數和七位數數字。這兩個數字都在

一般人的認知能力之內，而且任由他們需要花多少時間便花多少時間去背。當學生準備好，就請他們進入另一個房間，說出背好的數字。但在前往另一個房間途中，研究人員會給他們點心，感謝他們參與研究。他們有兩個選擇，一種是巧克力蛋糕，另一種是水果沙拉——也就是說，他們可以選令人內疚的快感，或者吃了健康的點心。妙就妙在：必須記憶七位數的學生，選擇蛋糕的可能性是兩倍之高。稍微多一點認知負擔，便足以阻止人們做出明智的選擇。

這個含義十分驚人：我們的心靈用得愈多，剩下的心靈力量愈少。意志力就像是人體的快飢，使用之後會疲累，需要休息。它的力量強大得驚人，卻缺乏持久力。正如凱瑟琳‧沃斯（Kathleen Vohs）2009 年在《預防》（*Prevention*）保健雜誌說的：「意志力就像車子油箱裡的汽油……當你抗拒某種誘惑，就會用掉一些。抗拒愈多，油箱便愈空，直到汽油用完。」事實上，才多五個數字就使人的意志力枯竭。

做決定會用掉我們的意志力，而我們吃下的食物也扮演關鍵性的角色。

## 思想糧食

腦部只佔人體質量的五十分之一，卻耗掉我們燃燒以產生能量的卡路里高達五分之一。如果你的大腦是一輛車子，以耗油量來看，它就像一輛悍馬（Hummer）。我們大部分的意識活動發生在前額葉皮質，也就是負責專注、處理短期

記憶、解決問題和調節衝動控制的部分。這是使我們成為人的核心，也是我們執行控制和意志力的中心。

有趣的地方來了！「後進先出」的理論在我們的頭腦內部運作，如果資源不足，大腦中最近才發展的部位會先受到傷害。發展時間比較久、程度比較完整的大腦部位，例如調節呼吸和神經反應的部位，會先得到血液。假使我們決定跳過一餐不吃，它們幾乎完全不受影響，但前額葉皮質就會感受到衝擊。遺憾的是，由於這個部位在人類的發展過程中相當年輕，吃飯時間到的時候，它總是最後才搶到食物。

《人格與社會心理學期刊》（*Journal of Personality and Social Psychology*）2007 年的一篇文章詳細提到以營養和意志力產生的衝擊為主題的幾篇研究。一組研究中，研究人員指派的任務涉及或者不涉及意志力，然後衡量每次任務之前和之後的血糖水準。運用意志力的參與者血液中的葡萄糖水準顯著下降。後來的研究顯示，兩組人完成一項和意志力有關的任務，然後再做另一項任務，績效會受到什麼樣的衝擊。兩次任務之間，一組受測者喝一杯用即溶粉末飲料加真正的糖沖泡成的檸檬水（助興），另一組則用甜味劑泡成有如安慰劑的檸檬水（掃興）。在後續的測試中，安慰劑組犯下的錯誤，約為真正喝到糖水那組的兩倍。

這些研究做成的結論說，意志力是一種心靈肌肉，不會迅速反彈。如果你將它用在某項任務，接下來的任務能用的力量就會減少，除非你補充燃料。為了發揮最好的表現，我

們真的必須餵食心靈，由此可見「思想糧食」這句老話不是隨便說說的。能夠提升血糖水準長時間處於均勻狀態的食物，例如複合碳水化合物和蛋白質，成了高成就者的首選燃料——這證明了「你吃什麼，就成為什麼樣的人」這句話所言不虛。

## 預設選擇

我們面對的一大挑戰在於，當意志力低落時，我們往往依賴預設的選擇。美國加州史丹福商學院的強納森‧雷瓦夫（Jonathan Levav）和以色列內蓋夫本古里安大學（Ben Gurion University of the Negev）的里歐拉‧艾夫奈姆－裴索（Liora Avnaim-Pesso）、沙依‧丹齊格（Shai Danziger）等研究工作者，用一種深具創意的方式研究這件事，探討意志力對以色列假釋制度的影響。

這些研究工作者分析了 10 個月內、指定給 8 位法官的 1112 場假釋委員會的聽證會。順帶一提，這佔了那段期間內，以色列假釋申請總數的 40％。整個過程十分辛苦，法官必須聽取辯詞，每天對 14 到 35 件假釋申請案，花 6 分鐘左右決定准駁，中間只暫停兩次休息和用餐。如此緊湊的時間，教人不敢置信，也造成了驚人的影響。早上休息之後，申請假釋獲准的機率達到最高，為 65％，然後急轉直下，結束時掉到接近零。

對申請假釋和一般大眾來說，這是重大的決定，需要整

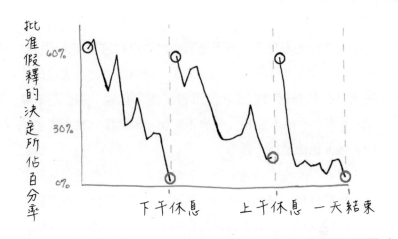

图 7-1 法官在意志力低落時，預設判斷會影響假釋裁決的結果。

天極為專注。當法官的能力逐漸耗損，他們的心理就會掉進「預設選擇」，這對想要獲得假釋的假釋犯而言相當不利。假釋法官的預設決定是說不，當他們有所懷疑且意志力低落時，囚犯便只好繼續待在牢裡。

　　預設選擇可能影響我們每一個人。當意志力用盡，我們都會回到預設選擇，於是這帶出了一個問題：你的預設選擇是什麼？如果你的意志力薄弱，你會抓起裝紅蘿蔔的袋子，還是放薯條的袋子？你會振作起來，專心做手頭上的工作，還是頹廢下去，任憑令人分心的事情牽著你的鼻子走？在意志力低落時做最重要的工作，預設選擇會決定你的成就水準，結果通常是平庸無奇。

## 給意志力表現的時間

人們會失去意志力，不是因為我們想到它，而是因為沒想到。由於不理解它可能來了又走，所以任憑它來去自如。我們沒有刻意保護它，才使得自己從「有志」和「某事竟成」，落到「無志」和「某事不成」。如果我們想要追求成功，這種做法是行不通的。

意志力的強度有高有低。就像電量指示計從綠色變成紅色，我們也有「意志力」和「無意志力」的時候。大部分人是以「無意志力」去面對最重要的挑戰，殊不知這是令他們那麼辛苦的原因。當我們不把決心想成是會用光的資源，當我們沒有將它保留到最重要的事情，當它低落時沒有加以補充，我們很可能置自己於邁向成功最難走的一條路上。所以，如何讓你的意志力發揮效果？答案是去想它、注意它尊重它。在你的意志力最高的時候，做最重要的事，這件事應該排在最高優先位置。換句話說，你必須在一天當中最值得用意志力的時候，將它派上用場。

## 哪些事情會耗用你的意志力

- 展現新的行為。
- 接受測驗。
- 過濾分心的事物。
- 設法引起別人注意。
- 抗拒誘惑。

- 應付恐懼。
- 壓抑情緒。
- 做你不覺得有趣的事情。
- 抑制侵略行為。
- 壓抑衝動。
- 選擇長期的獎酬，放棄短期的獎酬。

每一天，我們都會在不自覺的情況下，投入各式各樣耗損意志力的活動。當我們決定集中注意力、壓抑感情和衝動，或者修正行為以追求目標，都會消耗意志力。這就像拿著錐子在瓦斯管上戳洞，不用多久，意志力就會到處洩出，最終將缺乏意志力去做最重要的工作。因此，就像其他有限但十分重要的資源，意志力必須被管理。

談到意志力，時機是一切。做正確事情的時候，需要意志力處於滿格狀態，才能確保你不會因為任何事情而分心，或者離它愈來愈遠。接下來，一天當中其餘時間也需要足夠的意志力，以支持你已經做好的事情，或者避免破壞它。這是成功所需的意志力。因此，如果你想要在一天當中有最大的收穫，就必須提早在意志力愈用愈少之前做最重要的工作，也就是「一件事」。由於一天當中，意志力會逐漸耗竭，務必在滿格狀態做最重要的事。

**一、意志力不要分散得過於稀薄。**任何一天，意志力的供給都有限，因此我們務必決定什麼事情重要，將意志力留給它使用。

**二、監控你的油量表。**油箱裝滿油，意志力才會呈現滿格狀態。千萬不要只是因為大腦油量不足，而讓最重要的事情打折扣。吃對食物，也要定時用餐。

**三、分配任務執行的時間。**每天都要在意志力最強的時候，做最重要的事情。意志力最強，成功才會最大。

別和意志力作對，每天的工作安排都要根據它如何運作而定，讓它為你的生活效力。意志力或許不能隨傳隨到，但是當你先將它用在最重要的事情上，永遠都不會失望的。

# 8.

# 致力於追求工作與生活平衡？

> 「追求平衡其實是句空話，這是無法實現
> 的白日夢……追尋我們所以為的工作與生
> 活平衡，不只注定失敗，也會對兩者造成
> 傷害和破壞。」
>
> ——知名媒體人 基思．哈蒙茲（Keith H. Hammonds）

　　我們無法達到絕對的平衡狀態，一點辦法也沒有。不管多難以察覺，看起來像是平衡的狀態，其實是完全不同的東西。我們非常希望「平衡」是個名詞，但實際上它是以動詞的形式存在。平衡看起來像是我們終於取得的東西，其實卻是我們不斷在做的事。

　　「平衡的生活」是個迷思。這個容易誤導人的概念，大部分人卻以為是值得追求和可以實現的目標，於是沒有停下腳步認真思考它的意思。我希望你能用心想想，進而挑戰它，然後拒絕它。平衡的生活是個謊言。

　　「平衡」就只是個觀念而已。哲學上的「中庸之道」是指南轅北轍的兩個極端之間的中間地帶。這是個宏偉的觀念，卻很不實在，理想，卻不務實；平衡並不存在。

這件事很難想像，更別提去相信，因為我們最常聽到的感嘆之一便是「我需要更加平衡。」這句經常聽到的口頭禪，代表大部分人生活中失去的東西。由於經常聽到平衡一詞，我們自然而然就以為它正是我們應該追尋的。其實不然。認清目的、意義、重要性才能造就成功，然而生活很有可能失衡，因此，在執行優先要務時，來回穿梭於一條看不見的中線。把時間留給重要的事情，過完整的生活，才是一種平衡的行為。

卓越的成果需要集中注意力和時間做重要的事。投入時間於一件事，意味著在那些時間裡不做別的事；這麼一來，就不可能達到平衡的狀態。

## 迷思的起源

從歷史上來看，追求工作生活兩者的平衡，連去想這件事都是個嶄新的特權。數千年來，工作就是生活。如果你不工作，例如捕獵動物、收割作物、飼養牲畜，就無法活得久。但是，情況後來變了。賈德·戴蒙（Jared Diamond）在榮獲普立茲獎的《槍炮、病菌與鋼鐵》（*Guns, Germs, and Steel*）一書，說明了以農業為基礎的社會，如何造成糧食過剩，最後促成專業分工誕生。「1萬2千年前，地球上的每個人都是狩獵採集者，現在幾乎所有人都是農民或者被農民養活的人。」由於得以免於飼養牲畜、種植作物，有些人當起學者和工匠，有些人努力將糧食送到我們桌上，有些人則

努力製造桌子。

　　起初，大部分人都根據自己的需求和野心工作。鐵匠不必待在鍛爐之前作工直到下午五點，讓馬兒穿上鐵蹄之後，他就可以回家休息。十九世紀的工業化，首次見到一大群人為另一個人工作。故事的劇情演變成有個老闆吹毛求疵，勞工終年不斷工作，工廠燈火通明，不論晨昏都在運轉。因此，二十世紀我們見到保護勞工和限制工作時間的草根運動風起雲湧。

　　不過，「工作和生活平衡」直到1980年代中期才出現，因為這時有超過一半的已婚婦女加入勞動行列。拉爾夫・戈莫里（Ralph E. Gomory）在2005年出版的《住一起，工作分開：雙薪家庭及工作和生活平衡》（*Being Together, Working Apart: Dual-Career Families and the Work-Life Balance*）一書序中說，我們從有一個人賺錢養家活口和有一個家庭主婦的家庭單位，走向有兩個人賺錢養家，卻沒有家庭主婦的家庭單位，稍微想一下都知道，是誰卡在額外的工作當中。但到了1990年代，「工作和生活平衡」也成為男人經常喊出的口號。

　　知名的全球內容和科技解決方案提供商律商聯訊（LexisNexis）調查全球主要100種報紙和雜誌，發現談論「工作和生活平衡」這個主題的文章數目，從1986到1996年10年間的32篇，急增為單單2007年就有高達1674篇。

　　科技勃興加上人們愈來愈相信生活中失去什麼，這兩件

## 工作和生活平衡的迷思興起

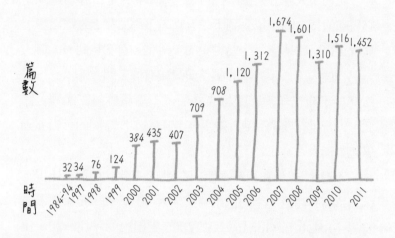

圖 8-1 近年來報紙和雜誌文章中提到「工作和生活平衡」的次數激增。

事並存可能不是巧合。空間遭到滲透，分界愈來愈模糊，促成了這種現象。「工作和生活平衡」的觀念深植在實際生活面對的挑戰中，顯然深深擄獲了我們的心思和想像力。

### 中道管理失當

　　渴望平衡是有道理的，每個人都希望有足夠的時間做每一件事，並且能準時做好。這聽起來很吸引人，光是想到這一點就會覺得心平氣和。這樣的平靜是那麼地真實，以至於我們覺得就是應該這樣過活，然而事實並非如此。

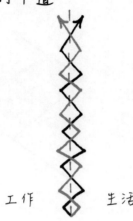

**工作與生活的中道**

工作　　生活

圖 8-2 追求平衡的生活，表示絕不追逐落在極端的任何事情。如此將
難以把一件事做到最好。

　　如果把平衡想成是中道，那麼失衡就是偏離中道的時
候。離中道太遠，就會生活在極端狀態之中。生活在中道的
問題是：努力想要處理好所有的事情，結果每一件事情都偷
工減料，沒有一件事得到應有的注意。有些時候，這無傷大
雅，有時則不然。知道何時追求中道、何時訴諸極端，才稱
得上是有智慧，才能得到卓越的成果。

　　我們不應該追求平衡的理由在於，奇妙的事情絕對不會
發生在中道，而是發生在極端。令人為難的是，追逐極端會
面臨很大的挑戰，因此儘管我們了解成功位於外緣，卻不知

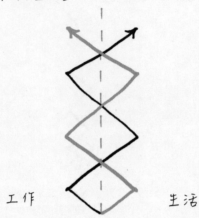

極端的工作與生活

工作　　　　　　　　生活

---

圖 8-3 追求極端的問題在於：我們不知道如何管理自己的生活

道如何在那裡管理自己的生活。

　　一旦工作時間太長，個人生活便會受到傷害。由於我們掉進了相信「長時間工作是好事」的陷阱中，當我們說「我沒有個人生活」時，便會錯怪工作。真正的情形往往相反，就算工作不對我們造成干擾，個人生活也會充滿「必做之事」，於是再次落入令人倍感挫折的結論：我沒有個人生活。有時，我們遭到兩面夾擊。有些人面對許多來自個人和專業方面的需求，感覺自己在每一件事上都受到傷害。由於崩潰在即，於是再次宣告：「我沒有個人生活！」

追逐極端是一種中道管理失當，時時上演，這和追逐中道一樣。

## 光陰不待人

內人曾經提起一位朋友的故事。這位朋友的母親是學校老師，父親務農，他們一輩子省吃儉用、存錢、辛苦過日子，期待退休後到處旅行。那位女士不勝懷念地談起以前常和母親上街購物，到附近的布料店挑選布料和衣服樣式。母親告訴她，等她退休後，要穿那些布料做成的衣服去旅行。

結果那位女士的母親不曾退休，教學生涯的最後一年，她得了癌症去世。父親捨不得花用兩人存下的錢，認為那是「他們的」錢，現在卻沒有她來一起享用。在他去世之後，內人的朋友去清理雙親的家，發現整個衣櫃堆滿了布料和衣服樣式。那位父親不曾清理它們，他做不來這種事。那些東西代表太多意義，好像那裡面充滿了沒有兌現的承諾，太沉重而搬不動。

光陰不等待任何人，將某些事情推到極端，拖延就會變成永遠。

我認識一位事業有成的企業家，一生中大部分的日子，包含週末都長時間工作，衷心相信這一切全是為了家人。終有一天，等到他完成心願，全家人就能享受他的辛勞所帶來的果實、聚在一起、旅行、做他們不曾做過的所有事情。拚命經營公司多年之後，他最近賣掉公司，並且大談他接下來

可能怎麼做。我問他日子過得如何，他自豪地表示一切美好：「拚事業的時候，我不曾回家，很少見家人。所以，我現在和他們一起度假，彌補錯失的時間。你曉得那是怎麼一回事，對吧？現在我有錢、也有閒，可以把那些失去年頭要回來。」

你真的認為能將孩子的睡前故事或生日聚會要回來？為一個五歲的小孩辦派對，難道與一個有自己朋友的青少年共進晚餐意義相同嗎？父母出席小孩的足球比賽，和你去看小孩長大成人後踢足球一樣嗎？你能和上帝達成協議，讓時間為你靜止下來，直到你準備好再度參與嗎？

當你拿時間下賭，賭注可能永遠要不回來。即使你肯定自己會贏，請小心你得抱著失去的東西過活。

玩弄時間會使你掉進兔子洞，永遠出不來。相信「工作生活平衡」這句謊言，將帶來傷害，因為你會因此去做不該做的事，而不做該做的事。中道管理失當，可能是你曾經做過最具破壞力的事情之一，你不可忽視時間的必然性。

那麼，如果取得平衡是個謊言，該怎麼辦？你該做的是反平衡。以「反平衡」一詞取代「平衡」，你所體驗的事情就會有意義。我們以為取得平衡的事情，事實上只是反平衡。芭蕾舞者正是典型的例子。當芭蕾舞者踮起腳尖時，看起來身輕如燕，在空中飛舞，表現了平衡和優雅的極致。但仔細一看，可以發現她的舞鞋正快速振動，以非常小的幅度調整，取得平衡。反平衡做得好，會帶給我們平衡的錯覺。

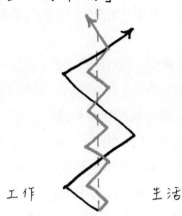

工作與生活「反平衡」

工作　　　　　生活

圖 8-4 欲在工作上取得不同凡響的成果，就要拉長反平衡之間的時間。

## 可長可短的反平衡

當我們說自己失衡，通常是指沒有照顧好或完成某些優先要務，也就是對我們重要的事情。問題是，當你專注於真正重要的事情時，總會無法照顧好某些事情。不管你如何努力，到了一天、一週、一個月、一年、一生結束時，總有些事情還沒做。嘗試做完所有的事情是愚蠢的，當你做完最重要的事情，還是會覺得有些事情沒做，這就是失衡的感覺。為了取得卓越的成果，留著某些事情沒做是必要的取捨，但也不能每件事都沒做，而這正是反平衡進來的地方。

反平衡的觀念是說，千萬不要走太遠，以免找不到回來的路；或是待在別的地方太久，以至於回來後發現沒有什麼事情等著你。

這件事十分重要，因為如此一來，你的一生才可能處於平衡之中。有份針對大約 7100 名英國公務員所做的 11 年研究結論說：習慣性長時間工作會要人命。研究工作者指出，一天工作超過 11 個小時，也就是一個星期超過 55 個小時的人，罹患心臟病的機率高出 67％。所以說，反平衡不只為了讓你感覺幸福，也是身體健康所不可或缺。

反平衡有兩種：工作和個人生活間的平衡，以及每一種生活之內的平衡。要在專業世界取得成功，加班時間有多長並不重要，重點在於全神貫注的時間有多長。為了取得卓越的成果，你必須選擇最重要的事情，並且投注它需要的全部時間。

在你的個人世界中，自覺是必要的成分。察覺你的身心靈、察覺你的家人和朋友、察覺你的個人需求，如果你想要「有生活」，這些都不能犧牲，所以絕對不可為了工作而放棄這些，或者為了其中之一而放棄其他。你可以在其間迅速來回，甚至經常圍繞它們而將活動組合起來，但不能長期忽視任何一者。你的個人生活，需要很快執行反平衡動作。

是否走到失衡的地步，其實不是問題，問題在於：「要短，還是要長？」在你的個人生活中，失衡時間只能相當短暫，而且應該避免長時期失衡。短暫失衡讓你能繼續與最重

要的事情保持聯繫，將它們一起往前帶動，但在你的專業生活中，則應該放長失衡的時間，坦然接受「追求卓越成果，可能需要你長時間失衡」的觀念。放長失衡時間，才能專注於最重要的事情，即使犧牲其他較不重要的優先要務也在所不惜。但當面對你的個人生活，絕對不能將任何事情拋諸腦後；工作上才有必要這麼做。

詹姆斯・帕特森（James Patterson）在他寫的小說《蘇珊日記》（*Suzanne's Diary for Nicholas*）中，巧妙地凸顯了個人和專業平衡行動中有哪些優先要務：「不妨想像生活是一場遊戲，你正在丟五顆球。這些球稱作工作、家人、健康、朋友和正直，你正將這些球拋往空中。有一天，你終於會知道工作只是一顆橡皮球，就算沒有接到，它還是會彈回來，但其他四顆被稱為家人、健康、朋友、正直的球全是玻璃做的，任何一顆沒有被接住，就會磨損、破掉，甚至摔碎，而且無法彌補。」

## 生活是一種平衡行為

平衡問題其實是選擇優先要務的問題。當你將「追求平衡」一詞改為「排定優先順序」，就會更清楚看到自己的選擇，並且打開大門，改變自己的命運。要有不同凡響的成果，必須設定優先要務，然後採取行動。當你對優先要務採取行動，自然而然就會失衡，因為你給某件事的時間必定多於其他。這麼一來，你所面對的挑戰不再是失不失衡，因為

事實上，你就是必須失衡。接下來的挑戰是：繼續做優先要務的時間有多久？為了能夠處理工作之外的優先要務，務必清楚你最重要的工作優先要務是什麼，如此才能做好它。回到家之後，清楚你在家裡的優先要務是什麼，如此才能重回工作。

最好的狀況是，在該工作的時候好好工作，該玩樂的時候盡情玩樂。沒錯，情況有點像是在走鋼索，但是當你把優先要務弄亂，整個世界會崩垮。

**一、想像有兩個平衡桶。**將工作和個人生活分開到這兩個不同的水桶中，這麼做不是為了將它們區隔開來，而是為了做反平衡的動作。每個水桶有它的反平衡目標和方法。

**二、對工作水桶做反平衡動作。**視工作為必須嫻熟的一種技能或知識，這會使你投入高得不成比例的時間在「一件事」上面，並使你在工作上的一天、一週、一個月和一年的其餘時間持續失衡。你的工作生活分成截然不同的兩個區塊，也就是最重要的事和其他每一件事。你必須把重要的事情做到最好，其餘的事情做得差不多好就行。想在專業上獲得成功需要這麼做。

**三、對生活水桶做反平衡動作。**承認個人生活有許多區塊，每個區塊需要給予最低的注意力，你才會覺得自己「有個人生活」。捨棄任何一個區塊都會讓你感受到衝擊。這需要持續不斷保持自覺，絕對不能經歷太長時間，或者走得太遠，而沒做反平衡動作。為了你的個人生活，你必須這麼做。

開始過著反平衡的生活，讓正確的事情在適當的時候取得優先位置，然後，在你有能力的時候才去照顧其他事情。不同凡響的生活就是一種反平衡行動。

# *9.*

# 眼高就是壞？

「我們沒有達成目標，不是因為路上遇到障礙，而是因為走上一條清楚但目標較小的路。」

——美國音樂家 羅伯‧布勞特（Robert Brault）

　　不管是寓言故事，還是民謠，將大和壞放在一起，已經成了歷史上的共同主題，例如大野狼（Big Bad Wolf）、大壞蛋約翰（Big Bad John）。由於經常見到，許多人已把兩者視為同義詞，其實不然。大可以變壞，壞也可以變大，但本質上沒有關係。

　　大機會比小機會好，但是小問題比大問題好。有些時候，你希望耶誕樹下有最大的禮物，有些時候，你想要最小的。大笑或大哭往往是你需要的，但是偶爾低聲淺笑和幾滴眼淚也能收到效果。大和壞的關係，不比小和好要強。

　　「大就是壞」是句謊言。這可能是所有謊言中最糟的，因為如果你害怕成就大事，你就會避開它，或者破壞成就大事所投入的努力。

## 誰很怕大且壞？

把大和成果放在一起，許多人會直挺挺站在那邊，等著投手犯規或投四壞球保送。提到大成就，他們首先浮起的畫面是辛苦、複雜和費時。他們覺得很難到達那裡，以及一旦去做，就很複雜。差不多可以這樣歸納他們的心情：他們的感覺是承受不了和望之卻步。

由於某個理由，他們擔心成就大事會帶來壓垮肩膀的壓力，以及追求成就大事，不只會剝奪他們與家人、朋友相處的時間，最後也會迫使他們犧牲健康。他們不確定自己有權利成就大事，也可能擔心嘗試過後功虧一簣，不曉得會發生什麼事，因此一想到它，頭就暈，立即懷疑自己是不是得了懼高症。

所有這些，強化了「大」令人覺得「不容易」。硬要創個詞，不妨稱之為「恐大症」（megaphobia）——指人不理性地害怕大。當我們將大和壞連結在一起，就會啟動退縮的想法。降低軌道的高度讓我們覺得安全。待在原來的位置，會讓人覺得明智。但是反過來說也一樣：當人們相信大就是壞，想小事就會佔得上風，「大」就永遠見不到天日。

## 大錯特錯

有多少船隻因為相信地球是平的而沒有出航？以為人無法在水底下呼吸、無法在空中飛行，或者無法冒險進入外太空，而有多少進步受阻？從歷史上來看，我們估計自己的極

限，估計得非常不好。

好消息是，科學不是在臆測，而是進步的藝術。你的人生也是一樣。

沒有人知道自己的極限。地圖上的邊疆和界線可能看得一清二楚，但是當我們將它們用到生活中，那些線條就不是那麼清晰。

曾經有人問我，我是否覺得想大事切合實際。我想了一下說：「先問你一個問題：你知道自己的極限嗎？」對方給我否定的答案。於是我說，他的問題因此似乎無關緊要。沒有人知道自己的成就上限在哪裡，去擔心這件事根本是浪費時間。

如果有人告訴你，你的成就永遠不可能超越某個水準，那會怎麼樣？這表示如果你被要求挑選一個可能永遠無法超越的上限，你會怎麼挑？低的上限，還是高的上限？我想，我們都知道答案。放到這個情況中，我們都會做相同的事——做大事。

為什麼？因為你不會想要局限自己。

當你接受自己也能成就大事，看事情的方式就會很不一樣。在這種情況中，大等於是在為或可稱之為「飛躍」的可能性卡位。例如辦公室的實習生，想像自己有一天進入董事室，或者身無分文的移民，想像自己終有一天掀起商業革命。這表示你需要提出大膽的觀念，這或許會威脅到自己的安樂窩，但同時反映了你的最大機會。

## 想大事－做大事－大成功

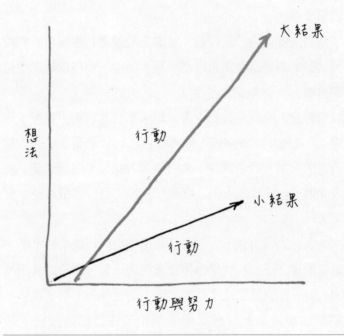

圖 9-1 想法帶出行動，行動決定結果。

　　相信可以有大成就，會使你勇於問不同的問題、走不同的路、嘗試新的事情，你會為直到目前為止只能存在心中的各種可能性敞開大門。

　　沙比爾・巴提亞（Sabeer Bhatia）到美國的時候，口袋裡只有 250 美元，但是他並不孤單。巴提亞心裡有很大的

計劃，而且相信他能使一家企業的成長速度，遠快於歷史上任何一家企業。他辦到了！他創辦 Hotmail，微軟見到 Hotmail 扶搖直上，最後以 4 億美元買下它。

他的導師法魯克‧艾雅尼（Farouk Arjani）表示，巴提亞的成功和他想大事的能力有直接的關係：「巴提亞和我見過的其他數百位創業家不同之處，在於他的夢想十分遠大。早在有產品和金錢支持他之前，他就堅信自己將打造出一家大公司，價值高達數億美元。他堅信自己不會只經營一家隨波逐流的矽谷公司。經過一段時間，我發現，天呀！他可能就要飛黃騰達。」

2011 年，Hotmail 是世界上最成功的網路郵件服務供應商之一，活躍使用者超過 3 億 6 千萬。

## 大處著眼

訂下遠大目標是取得不同凡響成果所不可或缺的，成功需要行動，而行動需要想法。做為成功跳板的行動，只能從一開始就有大想法而來。了解這樣的關係之後，你就會明瞭遠大目標為什麼那麼重要。

每個人擁有的時間相同，而且賣力工作就只是賣力工作而已。因此，在你工作的時間內做了什麼事，會決定你有什麼樣的成就。而因為你做了什麼事是由你想了什麼事所決定，所以你的想法有多大，就會變成你有多高成就的跳台。

## 你的盒子有多大？

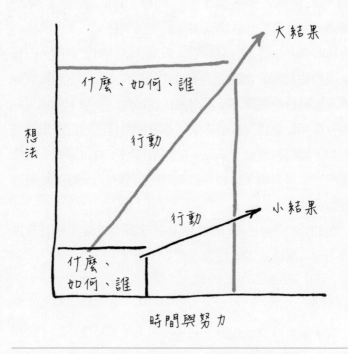

圖 9-2 別把自己關在盒子裡！著眼於大結果，再決定行動。

　　用下列所說的方式來想，每一個成就水準，都需要它本身的「你做什麼事、如何去做，以及和誰一起做」的組合。問題在於：「什麼」、「如何」、「誰」的組合，能讓你達到某個成功水準，卻不會自動演變到更好的組合，帶出下一個成功水準。以一種方式做某件事，不一定會奠定基礎，把某

件事做得更好；與一個人的關係，也不會自然而然為和另一個人的更成功關係奠下基礎。這樣的事情令人遺憾，但這些事情就是不會建立在彼此之上。如果你學會以一種方式和一群人做某件事，事情可能做得不錯，直到你想要有更多的成就。這時候，你會發現，你給自己製造了人為的成就上限，可能難以突破。事實上，你是把自己關在一個盒子裡，但有簡單的方式可以避免：事情應該盡可能想得大，並且根據在那個水準獲得的成功，去思考你要做什麼、如何去做、和誰一起做。你很可能需要超過一輩子的時間，才會撞到這麼大盒子的邊壁。

當人們談到「再創」自己的事業生涯或企業，小盒子往往是問題的根本原因。你今天所想的盒子，不是會帶給明天的你力量，就是會限制住明天的你。它不是會作為你下一個成功水準的平台，而只是成為一個盒子，把你框限在原來的地方。

「大」給你最佳的機會，在今天和明天取得不同凡響的成果。亞瑟‧吉尼斯（Arthur Guinness）蓋第一座啤酒廠的時候，簽下 9000 年的租約。J. K. 羅琳（J. K. Rowling）構思《哈利波特》時，想得很大，構思好霍格華茲（Hogwarts）魔法學校 7 年的情節，才動筆寫七本書中第一本書的第一章。山姆‧沃爾頓（Sam Walton）開設第一家沃爾瑪之前，構思的企業十分龐大，他覺得有必要先作好遺產規劃，將遺產稅降到最低。他早在做大事之前就想大事，

才能為家人估計省下 110 億到 130 億美元的遺產稅。要在
盡可能不繳稅的情況下，將有史以來規模最大的公司之一的
財富移轉下去，需要從一開始就想大事。

　　想大事不限於企業。1980 年，坎坦絲‧萊特納
（Candace Lightner）因為女兒死於酒駕肇事逃逸的車禍，
成立反酒駕母親聯盟（Mothers Against Drunk Driving,
MADD）。今天，MADD 拯救超過 30 萬條人命。1998
年，雷恩‧赫雅克（Ryan Hreljac）6 歲時，受到老師所說
故事的激勵，努力協助將乾淨的水送到非洲。今天，他的基
金會「雷恩的井」（Ryan's Well）改善了供水狀況，協助將
安全的水送到 16 個國家超過 75 萬人那裡。德瑞克‧卡永
葛（Derreck Kayongo）發現每天送新肥皂到飯店浪費但具
隱藏價值，2009 年他創設「全球肥皂計劃」（Global Soap
Project），提供超過 25 萬塊肥皂給 21 個國家，單單因為讓
窮人有機會用肥皂洗手，便降低了兒童死亡率。

　　問大問題可能叫人不寒而慄，大目標起初似乎高不可
攀。可是有多少次，你開始做起初看起來很吃力的某件事，

後來才發現它遠比你所想的還要容易？有時事情比我們想像的還要簡單，當然有時也會難得多。這個時候，請務必記住：在你往「大」邁進的旅程中，你也會變得更大。要那麼大，就需要成長，等到你抵達，你也變大了！從遠處看起來難以攀登的高山，當你爬到山上，便成了一座小丘——至少相對於你所成為的人來說是如此。你的想法、你的能力、你的人際關係、你認為什麼事情可以辦到，以及需要做什麼事，都會在你往大邁進的旅程中成長。在你體驗大的過程中，你也會變大。

## 大道理

史丹福大學的心理學家卡羅爾·德威克（Carol S. Dweck）以超過 40 年的時間，研究自我概念（self-conceptions）如何影響我們的行動。她的研究提出寶貴的洞見，有助於我們了解何以想大事如此重要。

德威克對兒童所做的研究，發現有兩個思維模式在運作：「成長型」思維模式通常會想大事和設法追求成長，「固定型」思維模式則設下人為的限制和努力避免失敗。她所說的成長心態學生和固定心態同學比起來，在課堂上運用比較好的學習策略、比較少經歷無助感、展現比較正面的努力，以及取得比較多的成就。他們比較不可能對自己的生活設下限制，而且比較有可能發揮潛能。

德威克指出，思維模式可以改變，而且確實會改變。和

其他任何習慣一樣，你會設定自己的心態，直到正確的思維模式成為例行性。

史考特‧福斯托（Scott Forstall）開始為他新成立的團隊招兵買馬時，發出警告說，這個極機密計劃將提供很多機會「犯錯和掙扎，但最後我們可能做出餘生牢記的事情。」這段奇怪的推銷詞是說給公司各單位的超級巨星聽的，但他只接受立刻點頭、願意接受挑戰的人。他後來看了德威克的書，和她分享自己的經驗時說，他找的正是具有「成長心態」的人才。

這件事為何重要？你可能沒聽過福斯托的大名，但肯定聽過他的團隊所做的事。福斯托當時是蘋果公司的資深副總裁，組成的團隊研創出 iPhone。

## 擴張你的生活

「大」代表宏偉──不同凡響的成果。追求大生活，等於在追求你可能過的最宏偉生活，要活得如此，就必須想大事。你必須敞開心胸，接受你的生活和你做成的事情有可能十分偉大。成就和豐盛會出現，是因為你不限制它們，選擇做正確事情的自然結果。

別害怕大，而要害怕平庸、害怕浪費、害怕自己沒有活到極致。當我們害怕大，就會有意識或潛意識抗拒它。如此一來，我們不是會奔向比較差的結果或機會，就是會遠離大結果和大機會。

如果說，勇敢並非不知害怕，而是超越害怕，那麼想大事便非不知懷疑，而是超越懷疑。只有活得大，才會讓你體驗真正的生活和工作潛力。

一、**想大事**。避免緩步漸進式的想法，如果只問：「我接下來要做什麼？」這頂多會促使你走上成功的慢車道，最糟的則是開下匝道。要問更大的問題。你可以遵循一個不錯的經驗法則，也就是在你人生中每個地方，都將目標加倍。如果你本來的目標是十，那麼不妨問這個問題：「我如何能夠達到二十？」設定遠高於你想要達成的目標，你所擬定的計劃，便幾乎保證可以達成原始目標。

二、**別照菜單點菜**。蘋果公司 1997 年著名的「不同凡想」（Think Different）廣告，提到拳王阿里、鮑伯狄倫、愛因斯坦、希區考克、畢卡索、甘地和其他人「用不同的方式看世界」，進而塑造我們所知道的世界。其中的要點在於他們並沒有從可用的選擇中去挑選；他們想像了其他人沒有想像過的結果。他們將菜單丟到一旁，點自己要的菜。這支廣告提醒我們：「只有瘋狂到認為自己能夠改變世界的人，才能改變世界。」

三、**大膽行動**。有了大想法，卻沒有大膽行動，一樣成不了大事。一旦你問了大問題，接下來要想像那個答案帶來的生活面貌。如果你還是想像不出來，那就去研究已有成就的那些人。已經找到答案的其他人，運用什麼模式、系統、習慣和人際關係？雖然我們總是喜歡相信自己與眾不同，對別人一直行得通的事情，幾乎總是也對我們行得通。

**四、別害怕失敗**。在創造不同凡響成果的旅程中，失敗和成功是一樣重要的部分。採取成長型的思維模式，不要害怕它會帶你到哪裡去。不同凡響的成果不是只建立在不同凡響的成果上，它們也建立在失敗上。事實上，準確的說法是：我們在失敗的路上走向成功。當我們失敗，我們會停下來，問自己需要做什麼才會成功、從錯誤中學習，然後成長。千萬不要害怕失敗。視它為學習過程的一部分，繼續努力發揮你的真正潛力。

別因為小鼻子、小眼睛的想法，而自甘平庸。想大事，放眼高處，大膽行動，然後看看你能擴張生活到什麼地步。

# Part 2

## 化繁為簡的
## 成功途徑

「解讀世界要小心；因為它會像你解讀的那樣。」
　　　——英國思想家 埃里希·海勒（Erich Heller）

多年來，我因為嘗試照著這些謊言所說的去生活而深受其害。

剛踏進職場時，我以為每件事都一樣重要，努力將所有事硬塞進去，嘗試做太多事情。遭遇挫折之後，我開始懷疑自己是否不夠自律或缺乏意志，以致無法成功。在生活持續失衡的情況下，我開始覺得，試圖過不可能達到的某樣生活，會感到心有餘而力不足。

這令我相當洩氣，為了做好，我開始更加賣力。或者說，我開始繃緊自己，努力邁向成功。我真的是那樣以為，這就是過日子的方式。於是我咬緊牙根、緊握拳頭、縮緊小腹、夾緊屁股、傾身向前、屏住氣息、拉直身體、繃緊所有神經……在我拚命靠著謊言過日子的時候，我真的認為那就是專心致志和全力以赴的感覺。這方法確實管用，也使我進了醫院。

我也開始認為，講起話來必須像個成功者，走起路來要像個成功者，甚至穿著也必須像個成功者。儘管那不是我的風格，但任何能使願望成真的方式，我一概接納。我真的接受了「你想怎麼樣，就將那幅畫面投射到未來」的說法。這

方法也一樣管用，但是過了一陣子，我就厭倦了「玩」成功的遊戲。

我接受黎明即起的忠告，放勵志歌曲以鼓舞自己，並且趕在其他人之前開始做事。真的，我滿腦子都是這樣的想法，於是在整個城市還在睡覺時，我就開車前往辦公室，確保自己搶先其他人開始工作。我認命相信，既然要打一場美好的仗，這可能正是野心和成就看起來的樣子。我會在上午七點三十分開幕僚會議，七點三十一分一到，便把門關起來，晚到的人都不得其門而入。

現在的我知道，我做得太過火了，但我當時卻相信只有這樣，才有可能成功，也才能逼別人邁向成功。在處理事情上，這套方法的確管用，但最後逼得自己太緊、別人離我太遠，我的世界搖搖欲墜。

我真的開始相信，成功的祕密是每天早上盡可能將自己轉得像彈簧那般緊、放火燒自己，然後打開門，奮力衝過一天，擺平世界，直到我筋疲力盡。

所有這些，為我帶來什麼？答案是成功以及病痛。最後，則是令我對成功感到厭倦。後來我怎麼做？我捨棄那些

似是而非的謊言，反其道而行，對於時下盛行的所有成功「戰術」十分反感。

我決定放鬆自己，開始傾聽身體發出的聲音，減緩步調，並且放鬆心情。我開始穿 T 恤和牛仔褲上班，不管任何人怎麼說。丟掉那些成功的語言和態度，做回自己。我和家人共進早餐，並且努力維持身心健康。最後，我開始少做事情。是的，我故意少做事。跟以前比起來，我像個失敗者，懶散度日、輕鬆呼吸。我挑戰成功的格言，你猜後來怎麼了？我獲得的成功反而超過預期，感覺比過去的任何時候還要好。

我發現，我們過度思考、過度計劃，過度分析職涯、事業和生活。長時間工作既不好，也不健康；而且，我們會成功，通常和我們做的大部分事情無關，不是因為做了它們才成功。

我發現，我們無法管理時間，而成功的關鍵，不在於我們做過的每一件事，而是我們做得不錯的少數事情。

成功歸根究柢是：在人生的某個時刻做適當的事情。如果你能誠實地說：「這是我現在想去的地方，所以此刻做這

些事情」，那麼生活中所有令人驚嘆的可能性都可能出現。

更重要的是我學到，「一件事」是卓越成果背後簡單到令人吃驚的真理。

# 10.

# 雞蛋放在一個籃子裡

66 「有一種藝術能夠清除雜亂無章，聚焦於
最重要的事。這件事很簡單，也能傳授，
只需要勇於採取不同的方法就行。」
　　　　　　——作家 喬治・安德斯（George Anders） 99

1885年6月23日，鋼鐵大王安德魯・卡內基（Andrew Carnegie）在賓州匹茲堡向卡里商務學院（Curry Commercial College）的學生發表演說。卡內基鋼鐵公司（Carnegie Steel Company）是世界上規模最大、獲利最高的企業。卡內基後來成為有史以來第二富有的人，僅次於約翰・洛克斐勒（John D. Rockefeller）。卡內基的演說題目是「企業成功之路」，談到他身為成功企業家的生活，並且給了這樣的忠告：

成功的首要條件，也就是成功的祕密，是將你的精力、想法和資本集中在你經營的業務上。從一條產品線做起，決心利用那條產品線打出一片天下、取得領先地位、採取每項改善措施、擁有最佳的機器，也十分清楚怎麼操作它們。分散資本的公司，也會分散人

才，因此會經營失敗。它們投資於這個、那個、別的、這裡、那裡和每個地方。「別將所有的蛋放在一個籃子裡」，這句話大錯特錯！我告訴你們，應該「將所有的蛋放在一個籃子，然後看好那個籃子。」留意你身邊，擦亮眼睛；這麼做的人不常失敗。看好和攜帶一個籃子相當容易。在這個國家，想要帶太多籃子，會摔破大部分的蛋。

至於，如何知道該挑哪個籃子？這就要靠聚焦問題來釐清。馬克‧吐溫同意卡內基的說法，並且這麼表示：「出人頭地的祕密是動手去做。動手去做的祕密，是將複雜得教人無所適從的任務，分解成管理得來的小任務，然後開始做第一件事。」

那麼要如何知道「第一件事」應該是哪一件？你得依賴聚焦問題。

為何這兩位傑出人物不約而同地都將他們的忠告視為「祕密」？我不認為那些人們知道，只是沒給適當份量或重要性的事情，算是一種祕密。大部分人都聽過「千里之行始於足下」這句中國諺語，可惜他們沒有停下來充分理解，如果這是真的，那麼一趟旅程從踏出錯誤的第一步開始，最後可能落到和原先所想的相差兩千哩的地方。聚焦在問題上，可以避免你踏出錯誤的第一步。

## 從生活中找問題

也許你會問:「我們想要的是答案,為什麼要聚焦問題?」很簡單,答案來自問題,任何答案的品質由問題的品質決定。問錯問題會得到錯誤的答案。問對問題才能得到對的答案。問對關鍵問題,答案會改變一生。

法國著名的思想家伏爾泰曾經寫道:「用一個人的問題,而非他的答案,去評斷他。」英國哲學家培根爵士也說:「發問謹慎,等於展現一半的智慧。」印度聖雄甘地做成結論說:「發問的力量,是所有人類進步的基礎。」好問題顯然是得到好答案的最快途徑。每一位發現者和發明家都會從一個起改造作用的問題開始探索。科學方法是以假說的形式,探問宇宙間的問題。從哈佛法學院這種高等學府,到地方幼稚園的教育工作者,仍然推崇超過 2000 年的蘇格拉底發問教學法。

問題會促使我們發揮批判性思考力。研究顯示,問問題會改善學習和表現程度高達 150%。總之,我們很難反駁作家南西・威拉德(Nancy Willard)寫的這句話:「有些時候,問題比答案重要。」

年輕時,我便察覺到問題的力量很大。有一首詩對我產生深遠影響,此後一直帶在身邊。

〈我的工資〉

> 我和人生討價還價要一分錢，
>
> 人生卻不肯多給，
>
> 每晚，不論我如何祈求，
>
> 只能數著少得可憐的儲蓄。
>
> 因為人生是個雇主，
>
> 它給你所求的，
>
> 一旦你講好工資，
>
> 就必須承擔工作。
>
> 我接受低廉的工資，
>
> 後來才非常沮喪地知道，
>
> 我要求人生給任何工資，
>
> 它都願意支付。

——J. B. 李登豪斯（J. B. Rittenhouse）

特別是最後兩行值得再說一遍：「我要求人生給任何工資，它都願意支付。」我這一生中感到最有力量的時刻之一，就是當我發現了「生活是個問題」，而「如何生活」則是我們給的答案。當我們問自己問題時，如何遣詞用字，將會決定最後的答案是什麼。

我們面對的挑戰在於，正確的問題不見得永遠那麼明顯。我們所要的大部分東西都沒有附帶一張地圖或者一份說明書，所以可能很難框架正確的問題，必須把問題說清楚，

構思自己的旅程，製作本身的地圖，以及打造自己的羅盤。為了得到答案，我們必須擬定正確的問題，還得自己設計。那麼，你要如何做，才能提出不尋常的問題，為自己帶來不凡的答案？最佳做法正是：聚焦問題。

　　企盼不尋常生活的任何人，最後會發現：除了尋找用不尋常的方法過活，別無選擇。聚焦問題，就是那個不尋常的方法。在沒有說明書的世界中，這成了尋找異常答案、帶出不同凡響成果的簡單公式。

**我能做哪一件事，**
**做了之後，其他每件事就會變得比較容易，**
**或者不必做？**

　　聚焦問題極其簡單，任何沒有仔細了解這回事的人會輕易否定它的力量。這是不對的。聚焦問題不只可以帶你回答「大格局」的問題，例如，我正往哪裡去？我應該放眼哪個目標？也能回答「小焦點」的問題，例如，我現在必須做什麼，才能走向大格局？目標核心在哪裡？它不只告訴你應該選哪個籃子，也會告訴你取得籃子的第一步。它會指出你的生活可以變得多大，以及你必須聚焦到多小的目標才能達陣。它既是綜觀大格局的地圖，也是跨出每一小步的羅盤。

　　卓越的成果很少偶然發生，而是來自我們所做的選擇，以及我們採取的行動。聚焦問題強迫你去做攸關成功的關鍵

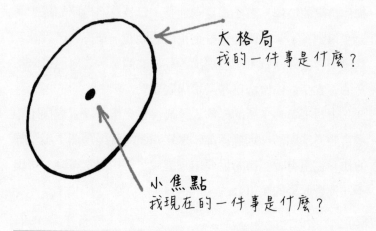

大格局
我的一件事是什麼？

小焦點
我現在的一件事是什麼？

圖 10-1 聚焦問題是張大格局地圖，也是小焦點羅盤。

事情，也就是做出決定，這也是使你同時聚焦於兩者的最好選擇。它不只是將你推向任一個決定，而是將你推向做出最好的決定。它會忽視可以做的事情，抽絲剝繭直到找出必須做的重要事情，帶你找到第一張骨牌。

為了在可能最好的一天、一個月、一年或一個事業生涯中，繼續走在正確的軌道上，你必須不斷問聚焦問題。一問再問，它會強迫你按照重要次序排好各項任務。每次你問這個問題，就會看到自己的下一個優先要務。這個方法的力量在於你會設定自己在另一項任務之上完成某項任務。一旦先做了正確的任務，也會建立起正確的思維模式、培養正確的技能，並且發展正確的人際關係。在聚焦問題力量的鞭策之

下，行動自然而然地往前推進，在前一個正確的事情之上，繼續做下一項正確的事情。這樣的模式一旦建立，你就會體驗到骨牌效應的力量。

## 剖析問題

聚焦問題有助於將所有可能的問題濃縮成一句話：「我能做哪一件事，做了之後，其他每一件事就會變得比較容易，或者不必做？」

### 第一部分：「我能做哪一件事……」

這會激發專心一致的行動。「哪一件事」告訴你答案將是一件事，而不是許多件事。它強迫你找到特定的某件事，一開始就明白告訴你，雖然你可能考慮許多選項，卻需要慎重其事，因為你不會有兩件、三件、四件或更多件事得做。不能為自己的賭注下避險動作，只准挑一件事，而且只有一件事。

其中「能做」這個詞是嵌入其中的命令，指示你採取行動，做可能做到的事。人們經常試圖把這個詞改成「應做」、「可做」或者「會做」，但這些選擇都漏掉重點。有許多我們應做、可做或將做，卻永遠沒做的事情，「能做」的行動，每次都勝過你的意圖。

## 第二部分:「……做了之後……」

這部分告訴你,你的答案必須符合什麼標準。它是「只做某件事」和「為特定目的做某件事」之間的橋梁。「做了之後」讓你知道你必須更加深入,因為當你做了這麼一件事,就會發生別的事。

## 第三部分:「……其他每一件事就會變得比較容易,或者不必做?」

阿基米德曾說:「給我一根夠長的槓桿,我可以移動世界。」這正是最後一部分要你去發現的。「其他每一件事就會變得比較容易,或者沒必要做」是終極的槓桿考驗,告訴你已經找到第一張骨牌。這代表,當你做了這一件事,為達成目標而必須做的其他每一件事,現在都可以用比較少的力氣去做,或甚至不再需要去做。許多人無法理解「只要開始做正確的事,許多事情就不需要做」的道理。事實上,這個限定條件要求你戴上眼罩,設法將雜亂無章的生活理出頭緒。這麼一來,你就會去做能夠發揮槓桿力量的事情,避免分心,從而提升改變生活的潛力。

聚焦問題要求你找到第一張骨牌,並且只專注於它,直到你把它推倒。做到這一點,就會發現後面有一整列骨牌,不是準備倒下,就是已經倒下。

# 關鍵概念

一、**問題是通向答案的路徑**。聚焦問題是設計來找到重要答案的關鍵問題，將幫助你為工作、企業，或者你希望取得卓越成果的其他領域，找到第一張骨牌。

二、**聚焦問題是個兩用問題，它有兩種形式：大格局和小焦點**。前者是為了找到生活的正確方向，後者是為了找出正確的行動。

三、**大格局問題：**「我的一件事是什麼？」利用它來發展生活的願景，以及事業生涯或公司的方向；它是你的策略羅盤。考慮你要精通什麼、你想要給別人和社區什麼，以及你想要如何讓人記得你時，也行得通。它要你以正確的觀點去看你和朋友、家人、同事間的關係，並保持在日常行動的正確軌道上。

四、**小焦點問題：**「我現在的一件事是什麼？」每天你剛醒來和接下來的一整天都要問自己這個問題。這會幫助你聚焦於最重要的工作，並在你需要時幫你找到「具有槓桿力量的行動」，或者任何活動中的第一張骨牌。小焦點問題會幫助你為每個星期可能最有生產力的工作做好準備，在你的個人生活中也能發揮效果，要你繼續注意最重要的立即性需求，以及生活中那些最重要的人。

卓越的成果來自於找出聚焦問題，這個問題觸及你將如何擘

劃走過生活和企業的路徑，以及你將如何以最好的方式，推進最重要的工作。不論你尋求的答案是大或小，永遠聚焦在重要事情上都是你生活中的終極成功習慣。

# *11.*

# 養成成功的好習慣

66「成功很簡單。只要在正確的時間，以正
確的方式，做正確的事。」
　　——美國幽默作家 亞諾德・葛拉索（Arnold H. Glasow）99

　　你曉得習慣是什麼，習慣很難戒除，也很難養成。但是
我們一直在不知不覺中養成新習慣，當我們開始和持續一種
思考方式或行為方式，只要時間夠長，就會養成新習慣。人
們面對的選擇是自己是否想要形成習慣，好從生活中得到我
們想要的。如果我們選擇這麼做，那麼聚焦問題是我們能夠
擁有力量最強的成功習慣。

　　對我來說，聚焦問題是一種生活方式。我用它去尋找槓
桿力量最強的優先要務、從我的時間得到最多收穫，以及從
我的錢創造最多收益。每當結果攸關重大，我都會問聚焦問
題。當我醒來，開始每一天，我也會問這個問題。去上班以
及下班回家，我也會問：我能做哪一件事，做了之後，其他
每一件事就會變得比較容易，或者不必做？而當我知道答
案，我會繼續問它，直到我能看出連結關係，以及我的所有
骨牌都排成一列。

分析你可以做的每件事的每個小層面，顯然會逼瘋自己。我不做這種事，而且你也不應該做。先從大事情做起，看看它會將你帶到哪裡。一段時間下來，你就會有感覺，曉得何時問大格局問題，以及何時問小焦點問題。

　　聚焦問題是我用來取得不同凡響成果和過大生活的基礎習慣。有些事情我會用它，其他事情根本不用。我將它用在生活的重要領域：我的靈修生活、身體健康、個人生活、重要的人際關係、工作、事業和財務生活。我是以上述所說的順序處理它們——每個領域都是下一個領域的基礎。

　　由於我希望生活大有作為，所以我在每個領域都做其中最重要的事情。我將這種做法視為生活的基石，而且發現當我做每個領域中最重要的事情，我的生活感覺起來就像是所有的汽缸一起運轉。

　　聚焦問題可以引導你到生活不同領域中的「一件事」。只要將你關注的領域插入，重新框架聚焦問題就行。你也可以加進時間框架，例如「現在」或者「今年」，使答案更具即時性，或者「5年後」或「有朝一日」，以找到大格局答案，告訴你應該將目標對準哪些結果。

　　下列是可以問自己的一些聚焦問題。先說類別，然後陳述問題，加進時間框架，最後加上「做了之後，其他每一件事就會變得比較容易，或者不必做？」例如：「在我的工作上，我能做哪一件事，以確保這個星期達成我的目標，做了之後，其他每一件事就會變得比較容易，或者不必做？」

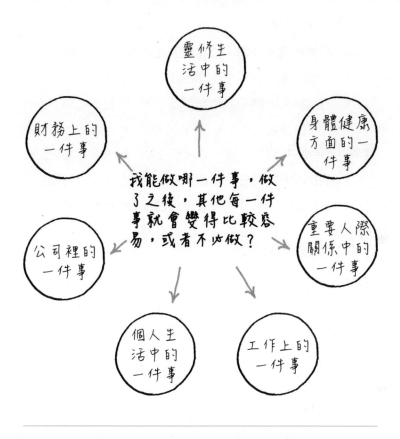

圖 11-1 釐清我的生活及生活中最重要的領域。

## 在我的靈修生活

- 我能做哪一件事，以幫助別人？
- 我能做哪一件事，以改善我和上帝的關係？

## 在我的身體健康

- 我能做哪一件事，以達成節食目標？
- 我能做哪一件事，確保我好好運動？
- 我能做哪一件事，以紓解壓力？

## 在我的個人生活

- 我能做哪一件事，以改善我在 _____ 的技能？
- 我能做哪一件事，以便為自己找到時間？

## 在我的重要人際關係

- 我能做哪一件事，以改善我和配偶／夥伴的關係？
- 我能做哪一件事，以改善子女的學校成績？
- 我能做哪一件事，以表示我對父母的感恩？
- 我能做哪一件事，讓我的家庭更壯大？

## 在我的工作

- 我能做哪一件事，以確保我達成目標？
- 我能做哪一件事，以改善我的技能？
- 我能做哪一件事，以協助我的團隊成功？
- 我能做哪一件事，以增進我的職場生涯？

## 在我的公司

- 我能做哪一件事，讓我們更具競爭力？
- 我能做哪一件事，讓我們的產品成為最好的？
- 我能做哪一件事，讓獲利更高？
- 我能做哪一件事，以改善顧客體驗？

## 在我的財務

- 我能做哪一件事，以提高財富淨值？
- 我能做哪一件事，以改善投資現金流量？
- 我能做哪一件事，以消除信用卡債務？

那麼，你要如何使一件事成為日常例行作業的一部分？你要如何使它變得夠強，以便從工作和生活等領域得到卓越成果？下列是根據我們的經驗以及和其他人共同進行的研究所得到的首發清單。

一、**了解和相信它**。第一步是了解「一件事」的概念，然後相信它能使你的生活大為不同。如果你不了解和不相信，就不會採取行動。

二、**使用它**。每天一開始就問自己聚焦問題：「今天在_____（你想要的任何事情），我能做哪一件事，做了之後，其他每一件事就會變得比較容易，或者不必做？」一旦你這麼做，方向會變得清楚，工作會更有生產力，個人生活會令人更滿意。

三、**養成習慣**。當你將問聚焦問題變成一種習慣，就能充分運用它的力量，得到你想要的卓越成果。這種習慣會使你的生活大為不同。研究顯示，養成習慣得花 66 天。不管你花幾個星期、還是幾個月養成習慣，務必堅持不輟，直到它成為你的例行任務。如果你不認真學習成功的習慣，就不是真的想要得到卓越成果。

四、**善用提醒工具**。想出各種方法，提醒自己要不斷聚焦問題。其中最好的一種方法是在工作場所貼個告示，寫著：

「在我的一件事做好之前，其他每件事只會令我分心。」不妨將它立在桌子一角，成為你工作時看到的第一樣東西。使用筆記、電腦螢幕保護程式和日曆提醒你，不斷將成功的習慣和你尋求的成果搭上關係。不妨寫下這樣的句子，提醒自己：「一件事等於卓越成果」，或者「成功的習慣會讓我達成目標」。

五、**尋求支持**。研究顯示，身邊的人對你影響很大。邀請工作上的夥伴加入成功互助團體，鼓勵所有人每天練習成功的習慣。也可以請家人共襄盛舉，分享各自的「一件事」。在他們身上運用聚焦問題，見證成功的習慣如何使他們的學校作業、個人成就或者生活中的其他層面起了很大的變化。

這個習慣可以成為更多事情的基礎，因此，務必維持你的成功習慣，盡可能發揮最大的力量。接著，運用 Part 3 的策略，去設定目標、預約時段，在你每一天的生活中體驗卓越的成果。

# 12.

# 問個好問題，尋找好答案

> ❝「未來不是直接被決定的，而是你先決定
> 自己的習慣，習慣再決定未來。」
> ——F. M. 亞歷山大（F. M. Alexander）❞

在任何情況下，聚焦問題能協助我們找到「一件事」，
釐清在大領域中想要什麼，然後逐層而下，確定為達成目標
而必須做的事。過程真的很簡單：先問個好問題，然後尋找
好答案。簡單的兩個步驟，卻是終極的成功習慣。

## 步驟一、問個好問題

聚焦能協助你問好問題。好問題和好目標一樣，大而明
確，能推促你走向大而明確的答案。

從「好問題」矩陣（圖 12-2）可以看出聚焦問題的力
量。我們以提高銷售額為例，說明每個象限要問什麼問題。
大而明確這個象限，問的問題是「我能做什麼事，使銷售額
在 6 個月內增為兩倍？」（圖 12-3）。

現在來談談每個象限的優缺點，最後結束於你想去的地
方，也就是大而明確的目標。

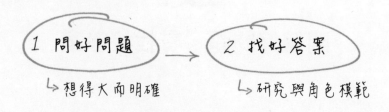

圖 12-1 左右開弓尋求卓越的成果。

　　第四象限：小而明確。「我能做什麼事，使今年的銷售額增加 5%？」這個問題能使你將目標對準明確的方向，卻沒有什麼挑戰性。對大部分業務員來說，只要市場往對你有利的方向波動，銷售額就很容易增加 5%，你根本什麼事都不必做。這頂多只能帶動小幅度的增長，無法促成改變生活的大躍進。容易達成的目標不需要什麼特別的行動，因此很少帶出卓越的成果。

　　第三象限：小而粗略。「我能做什麼事，使銷售額增加？」這其實根本不是什麼成就問題，比較像是腦力激盪。列出選項是很好的做法，但你需要更進一步縮減選項，往精準的方向走，例如銷售額需要增加多少？哪一天之前完成？遺憾的是，大部分人都習慣提出這類問題，然後不明白為何自己的答案無法成就卓越的成果。

　　第二象限：大而粗略。「我能做什麼事，使銷售額增為兩倍？」你問了個大問題，卻不明確。這是好的開始，但因

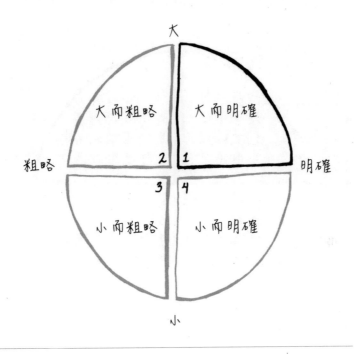

圖 12-2 框架好問題的四個選項。

為不明確，留下的問題多於答案。使銷售額在未來 20 年增為兩倍和試圖在一年或更短的時間內，設法達成相同的目標非常不一樣。你的選項仍然太多，會使你不知道從何開始。

第一象限：大而明確。「我能做什麼事，使銷售額在 6 個月內增為兩倍？」現在，好問題的要素齊備了。這是個大目標，而且明確。你要使銷售額增為兩倍，這件事做起來不容易。你也有 6 個月的時間框架，這將是個挑戰，你會需

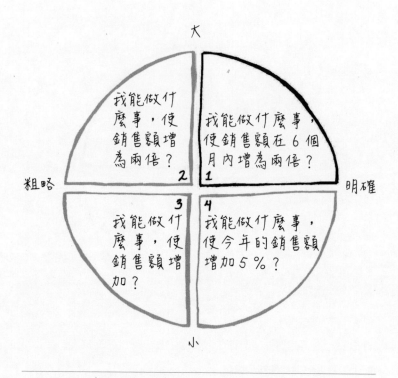

圖 12-3 框架好問題四選項的例子。

要一個大答案。你必須擴展自己相信可以做到的事,並在標準的解決方案工具箱之外尋找答案。

　　看出其間的差別嗎?當你問一個好問題,本質上就是在追求一個好目標。而且,每當你做這件事,就會見到相同的型態。也就是,大而明確的問題會帶出大而明確的答案,而這絕對是達成大目標所必須的。

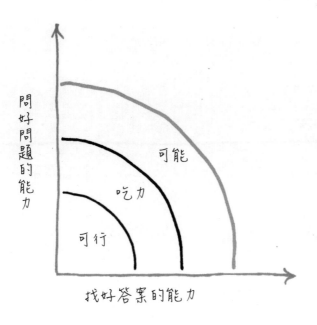

圖 12-4 成功的習慣釋出各種可能。

　　所以，如果「我能做什麼事，使銷售額在 6 個月內增為兩倍？」是個好問題，你要如何使它更有力量？方法便是將它化為聚焦問題：「我能做哪一件事，使銷售額在 6 個月內增為兩倍，做了之後，其他事就會變得比較容易，或者不必做？」將它化為聚焦問題，就會強迫你去找出最重要的事情，並從那裡開始，直指成功的核心。因為那也是成就大事開始的地方。

建立標竿

図 12-5 借鑑成功的經驗，並與最優秀的人共同朝目標邁進，或是開創新的方向。

## 步驟二、找好答案

問好問題的挑戰在於：問了之後，你需要去找好答案。

答案有三類：可行、吃力和可能。你能找到的最簡單答案，已經落在你的知識、技能和經驗所及的範圍內。你可能已經知道怎麼去做，卻不必改變太多，也能達成目標。這種「可行」的答案，最有可能辦到。

往上一層是「吃力」的答案。雖然這仍在你的能力範圍之內，卻位於最遠處。你很可能必須做點研究，了解其他人做了什麼事，而提出這個答案。去做那件事的結果不確定，

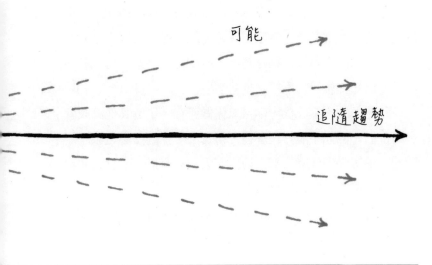

因為你或許必須伸展自己，動用目前的能力上限。答案視你
投入的努力多寡，有可能達成目標。

　　高成就者了解上述所說的兩條路，卻不去走。在有可能
取得卓越成果的時候，他們不甘於接受普通的結果。他們問
了好問題，當然想要最好的答案。卓越成果需要好答案。

　　高成就者選擇活在成就的外緣，他們不只夢想，更深深
渴望超越自身能力的東西。他們曉得這種答案最難實現目
標，卻也知道，只要伸展自己去尋找，就能擴展並豐富自己
的生活。

如果你想從自己的答案得到最多收穫，就必須知道答案落在你的舒適圈之外。這是空氣稀薄的地帶，大答案絕非肉眼可見，也沒人會為你鋪好路，去找到這種答案。可能的答案落在已知和做過的事情之外。

　　和吃力的答案一樣，你可以先做研究，了解其他高成就者的生活，但你不能停在那裡。事實上，你的搜尋之旅才剛開始。不管學到什麼，都必須用它去做只有最高成就者才會做的事：建立標竿和追隨趨勢。

　　好答案本質上是新答案，它一舉跨越所有目前的答案，去尋找下一個答案，而且是以兩個步驟去找到。第一步和你訂定吃力的目標時相同：你必須找到最好的研究結果，了解成就最高的人。任何時候，只要你不知道答案，就是去尋找答案。

　　換句話說，依照預設的方式，你的「第一件事」是尋找各種線索和角色模範，指引你朝正確的方向邁進。第一件該做的事是問：「是否有任何人曾經研究或做到這件事，或類似的事？」答案十之八九為「是」，所以你的調查工作是先找出其他人學到了什麼。

　　這些年來，我的藏書那麼多的原因之一在於，書籍是尋找答案的寶庫。已經取得你所希望成就的人，你可能無法和他們一談，依我的經驗，書籍和出版品是記載成功相關研究與角色典範的最好來源。

　　網際網路也迅速竄起成為寶貴的工具，不管是網外或線

上，你要找的是已經走過你正在走的那條路的人，好研究他們的經驗、以他們為師，並且建立標竿和追隨趨勢。有位大學教授告訴我：「你很聰明，但在你之前曾有許多人活過，你不是懷抱遠大夢想的第一人。所以，先研究別人學到了什麼，然後根據他們得到的教訓採取行動，是明智之舉。」他說得對極了！這番話也是說給你聽的。

尋找答案時，別人的研究和經驗是最好的起點。有了這些知識，就能建立標竿。如果是採取吃力方法，這個標竿會是你的上限，但現在它成了下限。那並不是你將來要做的事，而是將來準備站在那裡的山頂，看看你能否找到接下來要攻佔的山頭。

「追隨趨勢」（trending），也就是第二步，代表你正往最優秀的人邁進的相同方向，尋找接下來能做的事，或者，如果有必要就往全新的方向走吧。

這才是解決問題、克服挑戰的方法。最好的答案很少來自普通過程，不論是思考如何一舉超越競爭對手、尋找治療某種疾病的藥物，還是針對個人目標提出行動步驟，建立標竿和追隨趨勢都是最好的選項。由於你的答案將是原創的，所以你可能必須以某種方式改造自己，去執行那個答案。新的答案通常需要新的行為模式，所以在邁向成就大事的路上，如果你改變了自己，千萬別驚訝。但是，別讓這件事阻止你。

這是魔法發生的地方，而且有無限可能。由於挑戰那麼

大，以開創性的方式走上某條充滿可能性之路，永遠是值得的，因為當我們將觸角伸到最遠的地方，生活也會因此擴張到最大。

一、**想得大而明確**。用問問題的方式,設定你準備達成的目標,這是從「我想要做那件事」到「我如何做到那件事?」的簡單一步。最好的問題是大而明確,根據預設,也是最好的目標。之所以大,是因為你追求卓越的成果;之所以明確,是因為它引導你將目標針對某樣東西,而且能衡量你是否擊中目標,毫無轉圜的餘地。大而明確的問題,尤其是以聚焦問題的形式表達出來,有助於你集中火力鎖定可能最好的答案。

二、**設想可能的答案**。訂定可行的目標,這樣的做法幾乎就像在檢覈表上添增一件任務,等著你去畫掉。吃力的目標比較有挑戰性,這種目標設在你目前能力的邊緣,必須花上一番功夫才能達到。最好的目標則是探索可能做到什麼事,改頭換面後的人和企業,就是處於這樣的階段。

三、**為最好的答案建立標竿和追隨趨勢**。儘管我們沒有水晶球,但是經過練習,你也可以非常擅長研判事情朝哪裡走。先到達那裡的人和企業,經常享有很大一部分報酬,競爭對手得到的則少之又少。務必建立標竿和追隨趨勢,尋找能幫你取得卓越成果所需的卓越答案。

# Part 3

## 釋出你的內在潛能

「即使你走上了正確的車道，如果只是坐在那裡，也會被車子輾過。」

——美國喜劇演員、專欄作家 威爾‧羅傑斯（Will Rogers）

生活有個自然韻律，這成了執行「一件事」、取得卓越成果的簡單配方：目的（purpose）、第一要務（priority）和生產力（productivity）。三者合在一起，永遠連結，並在我們的生活中不斷強化彼此的存在。這樣的連結，帶領我們進入兩個領域：一件大事和一件小事。「一件事」的力量將因此被發揮得淋漓盡致。

「一件大事」指的是你的目的；「一件小事」則是為了達成目的，採取行動去做的第一要務。生產力最高的人，從目的做起，並以此為羅盤，讓目的成為指引的力量，決定第一要務，進而鞭策自己的行為，這是取得卓越成果最筆直的一條路。

我們不妨把目的、第一要務和生產力，想成是冰山的三個部分。

冰山通常只有九分之一露出海面，不論你看到什麼，都只是整體的一角。生產力、第一要務和目的之間的關係，也是如此。

生產力愈高的人，目的和第一要務推促與鞭策他們的力量愈大。如果談到企業，則需要多加上利潤這個結果，其他

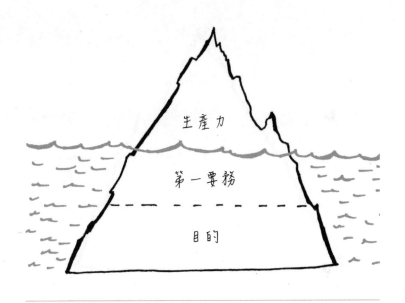

圖 III-1 生產力是由目的和第一要務所驅動。

部分和個人的情況相同。

　　一般人看得到的生產力和利潤，總是由作為公司基礎的實質部分，也就是目的和第一要務來支撐。企業人士總想提高生產力和利潤，但是太多人未能真正了解，取得兩者的最

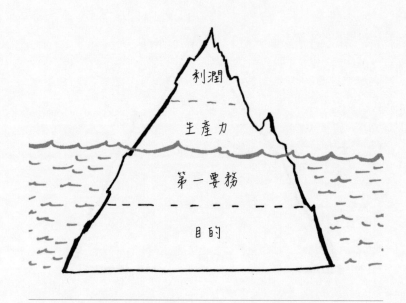

圖 III-2 就企業來說，利潤和生產力也是由目的與第一要務驅動。

佳途徑，是透過由目的驅動的第一要務。

　　員工的個人生產力是所有企業利潤的要素，兩者密不可分。一家企業的員工如果缺乏生產力，是沒有辦法獲有龐大利潤的。而生產力最高的人，從企業領得最高的報酬，並不

令我們意外。

　　連結目的、第一要務和生產力，就會決定成功的個人和獲利的企業會比其他人高出多少。了解這一點，是產生卓越成果的核心。

# 13.

# 有目的地活著

> "生活不是為了尋找自我,而是為了創造自我。"
>
> ——愛爾蘭劇作家 蕭伯納(George Bernard Shaw)

那麼,你要如何利用目的,創造不同凡響的生活?守財奴史古基(Ebenezer Scrooge)告訴我們怎麼做。

史古基麻木不仁、一毛不拔、貪得無厭,討厭耶誕節和讓人快樂的所有事情,史古基根本就是「吝嗇」、「苛薄」的同義詞。這個人或許最不可能教我們怎麼生活,但在英國大文豪查爾斯·狄更斯(Charles Dickens)1843年筆下的經典小說《小氣財神》(*A Christmas Carol*)中,他卻做到了這件事。

史古基從小氣、冷血和惹人嫌,脫胎換骨成為關懷、體貼別人和受人喜愛的救贖故事,是我們的命運如何取決於自己所做的決定,以及我們的人生如何被自身的選擇塑造的最佳例子之一。小說再度給了我們一套配方,每個人都可以遵循,過著擁有卓越成果的不凡生活。請容許我賣弄一下文學,用很快的速度重述這個不朽的故事。

耶誕節前夕，史古基過去的事業夥伴馬里（Jacob Marley）的鬼魂來訪。我們不知道這是夢，還是現實。總之，馬里哭著對他說：「今天晚上我來這裡警告你，因為你還有機會，可望避免落到和我相同的下場。有三個來自過去、現在和未來的精靈會來找你。你要記得我們之間經歷的事情！」

現在，暫停一下，回想史古基是什麼樣的人。狄更斯筆下的他，一切特徵都因為內心的冷漠而凍結。史古基一毛不拔，只知道埋首工作，捨不得花錢，並且想方設法把錢存起來。他過著隱密和孤單的生活。沒人會在街上攔下他問安，沒人關心他，因為他從不關心別人。他是個苦澀、苛刻、貪心的老罪人，冷漠地對待身邊的一切人事物，沒有解凍的跡象。他十分孤單，世界也離他很遠。

到了晚上，三個精靈果然來找史古基，給他看他的過去、現在和未來。他因此見到自己如何變成現在的人、他正在過的人生，以及最後他和周邊的人會發生什麼事。這是一段很可怕的經驗，以致隔天早上醒來，他還顫抖不已。史古基不知道這是真有其事，還是在作夢，但他發現時間並沒有流逝，幸好還有機會改變命運。他在朦朧的欣喜中，衝到街上，請他見到的第一個男孩去市場買最大隻的火雞，匿名送到唯一的員工克瑞奇（Bob Cratchit）家中。見到曾經來勸募捐錢給窮人卻被他拒絕的一位紳士，史古基請求他的原諒，並且保證捐出一大筆錢給窮人。

史古基最後來到外甥家中，請他寬恕自己愚蠢那麼久，並且請他接受假日共進晚餐的邀約。外甥的妻子和家中訪客對此感到狂喜，不敢置信眼前這位真的就是他們過去認識的史古基。

　　隔天上午，克瑞奇明顯比平常晚到班，史古基劈頭就說：「這個時候來，你是怎麼了？我無法再忍受這種事情！」克瑞奇還沒聽懂他的意思，接著又聽到史古基說：「所以我準備幫你加薪！」

　　史古基後來成為克瑞奇家的恩人，他為克瑞奇的殘障兒子小提姆找醫生，有如他的乾爹。史古基的餘生，將時間和金錢用於為別人做他能做的每一件事情。

　　狄更斯透過這個簡單的故事，告訴我們可以用個簡單的配方創造不凡的生活：有目的地活著。依第一要務過活，為生產力而活。

　　我思考這個故事之後，相信狄更斯的目的綜合了我們將往哪裡去和什麼事情對我們重要。他暗示，我們的第一要務是我們認為最重要的事情，而我們的生產力則來自我們採取的行動。他鋪陳的生活是一連串連結在一起的選擇。其中，我們的目的會確定第一要務，而我們的第一要務則決定所採取行動產生的生產力。在狄更斯看來，我們的目的決定了我們是什麼樣的人。

　　史古基的故事很容易理解，所以我們透過狄更斯配方的透鏡，再來看一次《小氣財神》。一開始，史古基的生活目

的顯然是為了錢財，他追求的生活，不是為金錢而工作，就是獨自守著金錢。他關心錢甚於關心人，並且相信應該以錢這個最終目的，去衡量任何手段是否值得。根據他的目的，他的第一要務十分清楚：盡他所能，為自己賺最多的錢。累積錢財對史古基很重要，因此他的生產力總是發揮在賺錢上。當他沒在賺錢而休息時，便以數錢為樂。賺錢、存錢、借錢、收錢、數錢⋯⋯這些行為佔滿他的日子。他貪婪、自私、不為身邊人遭遇的處境所動。

依史古基的標準，他在達成個人的目的上，生產力很高，但是依其他任何人的標準來看，這根本是可悲的生活。

若非過去的事業夥伴馬里提供了史古基不同的觀點，故事本來會這樣結束。然而，在精靈找上史古基之後，發生了什麼事？依狄更斯的敘述，他的目的改變了，而這又改變他最重要的優先要務，進而改變他的生產力關注焦點。史古基體驗到新的、令人改頭換面的力量。那麼，他成了什麼樣的人？讓我們看下去。

故事結束時，史古基的目的不再是金錢，而是人。他現在關懷別人，關懷他們的財務和身體狀況。他在自己和別人的關係中，以他所能的任何方式伸出援手而感到快樂。他重視幫助別人甚於積攢錢財，並且相信把金錢用來做好事才有好處。

他的優先要務是什麼？以前他是利用人和存錢，現在則是利用錢和救人。他的最高優先要務是盡可能賺很多錢，以

便盡可能幫助許多人。他的行動呢？他的每一天，都盡他所能將每一分錢花在別人身上，因而發揮很高的生產力。

這樣的轉變十分驚人，傳達的訊息再明白不過了！我們是什麼樣的人，以及我們要往哪裡去，決定了我們做什麼事和做到什麼。有正確的目的活著，是最強的力量，也是能帶來最多快樂的。

## 有目的的快樂

多找一些人來問，他們生活中想要什麼？你會聽到人們一面倒地回答：快樂。雖然我們都有廣泛的特定答案，快樂卻是我們最想要的，但它也是大部分人最不了解的。不論動機為何，我們在生活中所做的大部分事情，終極目的都是為了使自己快樂。然而，我們經常用錯誤的方式取得，快樂不是像我們想像的那樣發生。為了方便說明，我想說個古老的故事《乞討碗》。

一天早上，國王走出皇宮，遇到一位乞丐，問他：「你要什麼？」乞丐笑著說：「你說話的方式，好像你能滿足我的欲望！」國王不悅，答道：「我當然辦得到。你要什麼？」乞丐警告說：「在承諾任何事情之前，請三思。」

這不是普通的乞丐，而是國王上輩子的主人，曾在上輩子承諾：「我會在下輩子試著點醒你。這輩子你錯過了，但我會再來幫助你。」

國王並沒有認出老朋友，堅持說：「我會滿足你開口要求的任何東西，因為我是有權有勢的國王，能夠滿足你任何欲望。」乞丐說：「欲望很簡單。你能裝滿這只乞討碗嗎？」「當然能！」國王邊說邊指示大臣：「用錢裝滿這個人的乞討碗」。大臣照辦，但是當錢裝進碗裡，卻消失不見，於是他裝進更多，但一進去，都不見。

乞討碗依然空空如也。

這件事傳遍整個王國，引來一大群人圍觀。國王的威望和權勢岌岌可危，於是告訴臣子：「就算失去王國，我也在所不惜，絕對不能被這名乞丐擊敗。」他繼續將他的財富倒進碗裡。鑽石、珍珠、綠寶石，他的金庫愈來愈空虛。

可是乞討碗像是無底洞，倒進去的每一樣東西立刻不見！最後，群眾寂靜無聲，國王癱軟在乞丐腳邊，承認失敗。「你贏了，但是在你走之前，請滿足我的好奇心。這只乞討碗到底有什麼祕密？」

乞丐謙卑地回答：「沒什麼祕密。它只是用人的欲望做成的。」

我們最大的挑戰之一，是確保生活目的不會成為一只乞討碗、一個欲望的無底洞，不斷尋找使我們快樂的下一樣東西，那是注定要失敗的。

積攢財物的目的，應該是期望從它們帶來愉悅。一方

面，這真的管用。取得金錢或我們想要的某種東西，能使我們的快樂量表激升，然而卻只能維持一陣子，接著又會掉下去。古往今來，歷史上一些傑出人物思考過快樂這個問題，結論大致相同：擁有財物，並不會帶來持久的快樂。

環境如何影響我們，取決於我們如何解讀它們和我們生活之間的關係。如果缺乏「大格局」的觀點，就很容易掉進不斷追尋成功的境地。因為一旦得到想要的，快樂遲早都會消退，因為我們很快就會習慣已經擁有的東西。每個人都會發生這種事，最後因此感到厭倦，於是又再想方設法取得新東西或做新事情。更糟的是，我們甚至可能不會停下來或放慢腳步，享受已經得到的，因為我們會自動追尋其他東西。如果不小心，最後就會從追尋某些成就和取得某些東西，跳到追尋其他成就和取得其他東西，不曾騰出時間充分享受已有的成就，於是便會落到乞討的下場。有一天，我們終於了解這一點，那就是永遠改變生活的一天。所以，我們要如何尋找持久的快樂？

快樂發生在實現目的的路上。曾經擔任美國心理學會（American Psychological Association）理事長的馬丁・賽利格曼（Martin Seligman）相信，有五個因素對我們的快樂有貢獻：正面的情緒和愉悅感、成就、人際關係、融入（engagement）和意義（meaning）。他相信，其中以融入和意義最為重要。更融入我們所做的事情當中，設法使我們的生活更具意義，是尋找持久快樂最穩當的方式。當我們每

天的行動能夠實現更大的目的，就會出現最強而有力和最為持久的快樂。

以金錢來說，由於金錢代表取得某些東西，以及有能力取得更多，所以是很好的例子。許多人不只誤解如何賺錢，也不懂它如何使我們快樂。

從見過大風大浪的企業家到中學學生，我教過許多人如何建立財富，每當我問：「你想賺多少錢？」便會得到各式各樣的答案，但數字通常相當高。我問：「你怎麼會挑這個數字？」便經常聽到熟悉的答案：「不知道。」我接著問：「你能告訴我，你怎麼定義財務富有的人？」我得到的數字總是從一百萬美元起跳。當我問他們如何得到這個數字，他們通常答說：「聽起來好像是很多錢。」我這麼回答：「是很多錢沒錯，卻也不對，這要看你用錢去做什麼事。」

我相信，財務富有的人是指有足夠的錢進來，不必工作賺錢，以實現生活的目的。現在，請注意這個定義對接受它的任何人構成挑戰。要成為財務富有的人，你必須有生活目的；換句話說，少了目的，你永遠不知道何時擁有夠多的錢，而且永遠無法在財務上富有。

這並不是說，有更多的錢不會使你快樂。在某一點之前，它肯定能夠。但是接著便停頓下來，更多的錢能不能繼續激勵你，將取決於你為何需要更多錢。人們說，不應該為了達成目的而不擇手段，將手段合理化。但是務請小心，不論你尋求什麼目的，想要獲得快樂，那些快樂只會透過你為

了實現目的，使用的手段而得。只是為了錢而想要更多錢，不會帶來你希望從它而得到的快樂。快樂起於你有更大的目的，而不是要求滿足更多，所以我們說「快樂發生在實現目的的路上」。

## 有目的的力量

目的是產生力量的最直路徑，也是個人實力的終極來源，包括堅信的實力和不屈不撓的實力。要取得卓越成果，方法是知道什麼事情對你重要，並且每天採取行動，去做那些事情。當你的人生有明確目標，情況就會更快變得清楚，使你更加堅信自己的方向，這通常會使你更快做成決定。當你更快做成決定，往往也會是率先做出決定的人，最後能夠做出最好的選擇。而當你擁有最好的選擇，就有機會得到最好的體驗。這就是為什麼，一旦知道要往哪裡去，便有助於邁向生活會帶給你最好的可能結果和體驗。

目的也會在事情不順遂時幫助你。人生難免波濤洶湧，卻無可迴避。眼光放得夠高、活得夠長，一定會遇到艱難時刻。這沒關係，所有的人都有這樣的遭遇。知道自己為什麼正在做某件事情，可以鼓舞和激勵你，流下更多必要的汗水，在處境每況愈下時持之以恆。為了迎接成功，堅持某件事夠長的時間，是取得卓越成果的基本要求。

目的會提供終極的黏著劑，幫助你堅持走在設定好的路徑上。當你所做的事情符合目的，你自然會覺得生活有美好

的律動，靠雙腳走出的路似乎也回應著腦海和心裡的聲音。有目的地活著，當你邊哼歌邊工作，甚至吹起口哨，也就不足為奇。

當你自問：「我在生活中能做哪一件對我和世界最有意義的事，做了之後，其他每一件事就會變得比較容易，或者不必做？」你就是在運用「一件事」的力量，將目的帶到生活中。

一、**快樂發生在實現目的的路上**。我們都希望快樂,但是刻意去尋找,並非最好方式。取得持久快樂的最穩當路徑,出現在你為某個更大的目的而活,以及你將意義和目的帶到日常的行動上時。

二、**發現你的大哉問**。問問自己什麼事情鞭策你,以發現你的目的。什麼事情促使你早晨起床,並在你感到厭倦和懦弱無力時,督促你繼續走下去?我有時候稱之為你的「大哉問」,這是讓我們對生活感到振奮的原因,也是你正在做所做事情的原因。

三、**缺少答案時,選個方向**。「目的」聽起來可能相當沉重,但不必如此。只要想著你希望生活成為什麼樣子的「一件事」,而不是其他事情。設法寫下你希望達成的事情,然後描述你將如何做。

對我來說,我寫下的句子是這樣:「我的目的是透過我的教學、訓練和文章,幫助人們過可能最美好的生活。」那麼,我的生活看起來像什麼?

教學是我的「一件事」,而且已經持續將近 30 年。起初我教導客戶了解市場,以及如何做出大決定。接著,我在教室、銷售會議和一對一的場合教導業務員,後來我教企業班,然後我教高績效模式和取得高成就的策略。過去 10

年，我在研討會上教導特定的生活營造原則。我教的東西，是我後來擔任顧問的依據，也用我寫的東西來作為支柱。

選定一個方向，開始往那條路跨出步伐，看看自己喜不喜歡。時間會使你看得更清楚，如果你發現並不喜歡，總是可以改變心意，因為那是你的生活。

# 14.

# 依據第一要務生活

——作家 亞倫‧賴金（Alan Lakein）

「可以告訴我，我應該走哪條路嗎？」

「這要看你想去哪裡。」貓說。

「我不是很在意到哪裡。」愛麗絲說。

「那麼你走哪條路都沒關係。」貓說。

在路易斯‧卡羅（Lewis Carroll）寫的《愛麗絲夢遊仙境》中，愛麗絲和柴郡貓（Cheshire Cat）的經典遭遇，揭露了目的和第一要務之間的緊密關係。活著有目的，就知道想去哪裡；依第一要務過活，就會知道該做什麼事，好到達那裡。

每一天的開始，每個人都有選擇。我們可以問：「我要做什麼事？」或者「我該做什麼事？」你「要做」的任何事總會使你到達某個地方，但是當你想前往某個目的地，總是有些事情「該做」，才會使你抵達。當人生有目的，依照第一要務生活便取得優先位置。

## 從目標設定回溯到現在

正如史古基刻骨銘心發現的，生活是由我們給予它目的而驅動的。目的雖然有力量塑造我們的生活，卻只有在我們將它與第一要務連結時，其力量才會和第一要務的力量成正比。沒有第一要務的目的，是沒有力量的。

精確地說，我們使用的詞是第一要務（priority），不是優先要務（priorities）。如果某件事最為重要，那麼它就是「第一要務」。奇怪的是，第一要務一直沒有複數形式，直到二十世紀左右，我們的世界顯然將它貶為「重要的某件事」之義，於是出現複數形式的「優先要務」。由於失去原本的意思，於是各式各樣的說法，例如「最迫切的問題」、「首要關心的事」，以及「居於重要地位的事」紛紛出現，用於重拾原始的精髓。今天，我們在第一要務之前加上「最高」、「首要」、「主要」和「最重要」，將它提升到以前的意義，第一要務顯然走過一條相當有趣的路。

因此，請注意你的用語。你可能用許多方式談到第一要務，但不管選用什麼詞，要取得卓越的成果，意思都是一樣的，也就是指那「一件事」。

每當我在課堂上教到目標設定，總是將它視為我的最高第一要務，用以顯示目標和第一要務如何在一起發揮作用。我是這麼問的：「為什麼我們要設定目標和擬定計劃？」雖然我聽到各式各樣的好答案，事實上，我們會有目標和計劃的唯一理由是：希望在生活中重要的每一刻都有恰當表現。

雖然我們可以將過去拉回來，並且預測未來，然而真正的現實狀況就只有目前這一刻。只有當下，我們才能處理。過去只是以前的現在，未來則是潛在的現在。為了說明這一點，我開始將創造強而有力第一要務的方式，稱作「從目標設定回溯到現在」，以強調為什麼我們一開始就要確定第一要務。

關於成功的事實真相是，我們在未來取得卓越成果的能力，有賴於將強而有力的每一刻，一個個地串聯起來。你在任何一刻所做的事情，都會決定接下來的處境。你的「目前的現在」和所有「未來的現在」都是由此刻的第一要務所決定。決定你如何設定第一要務的關鍵性因素，端視現在的你和未來的你兩者孰佔上風。

如果讓你選擇今天得到100元，或者明年得到200元，你會選哪一樣？200元，對吧？如果你的目標是從眼前的機會賺到最多錢，你會這麼做。奇怪的是，大部分人不是這麼選。

經濟學家很久以來就知道，即使人們喜歡大報酬甚於小報酬，卻更強烈偏愛目前的報酬更甚於未來的報酬，即使未來的報酬高得多。這是司空見慣的情形，有個怪名稱，稱作「雙曲線貼現」（hyperbolic discounting），意指未來一項報酬離現在愈遠，人們想要取得它的立即性動機愈小。或許這是因為愈遠的東西看起來愈小，因此人們誤以為它們真的比較小，而將其價值打折。這或許可以解釋為什麼那麼多人真

的選擇今天的 100 元，而捨棄未來的兩倍數目。兩者的「目前偏差」（present bias）凌駕邏輯之上，而任令成果可能不同凡響的大未來溜走。現在想像每天以這種方式過活，可能對你未來的自我產生什麼樣的殺傷力。還記得前面談過的延後滿足嗎？一開始貪圖棉花糖，後來的損失可能大得多。

我們需要一個簡單的思考方式，拯救我們不受自己傷害、設定正確的第一要務，並且更接近達成我們的目的。從目標設定回溯到現在，會使你走到那裡。

透過「從目標設定回溯到現在」的過濾器去思考，你必須先設定將來的目標，然後有條不紊地逐層而下，直到知道你現在應該做什麼事為止。這有點像是俄羅斯娃娃，你「現在的」一件事套在今天的一件事之內，再套到本週的一件事之內，接著又套到本月的一件事之內……，這就是小事能夠累積成大事的方式，你等於在排自己的骨牌。

為了解「從目標設定回溯到現在」如何引導你的想法，並且決定你最重要的第一要務，請高聲唸出下面這段話給自己聽：

根據我的有朝一日目標，未來 5 年我能做哪一件事，進而可望達成我的有朝一日目標？因此，根據我的 5 年目標，今年我能做哪一件事，以達成我的 5 年目標，進而可望達成我的有朝一日目標？因此，根據我的今年目標，本月我能做哪一件事，以達成我的今年目標，進而可望達成我的 5 年目標，更進一步地達

# 從目標設定回溯到現在

## 有朝一日目標
有朝一日我想做哪一件事?

↓

## 5 年目標
根據我的有朝一日目標,未來 5 年我能做哪一件事?

↓

## 1 年目標
根據我的 5 年目標,今年我能做哪一件事?

↓

## 月目標
根據我的 1 年目標,這個月我能做哪一件事?

↓

## 週目標
根據我的月目標,這個星期我能做哪一件事?

↓

## 日目標
根據我的週目標,今天我能做哪一件事?

↓

## 現在
根據我的日目標,現在我能做哪一件事?

---

圖 14-1 連結將來的目的和現在的第一要務。

成我的有朝一日目標？因此，根據我的本月目標，本週我能做哪一件事，以達成我的本月目標，進而可望達成我的今年目標，更進一步達成我的 5 年目標，最終達成我的有朝一日目標？因此，根據我的本週目標，今天我能做哪一件事，以達成我的本週目標，進而達成我的本月目標，更進一步達成我的今年目標，以及我的 5 年目標，最終達成我的有朝一日目標？因此，根據我的日目標，現在我能做哪一件事，以達成我的今日目標，以及我的本週目標、本月目標，進而可望達成我的今年目標，再更進一步達成我的 5 年目標，最終達成我的有朝一日目標？

我希望你把它掛起來，唸出整段話。為什麼？因為這是在訓練你的心靈如何思考、如何連結一個目標和一段時間之後的下一個目標，直到你知道現在必須做的最重要事情。你正在學習如何想大事，但從小處著手。

為了證明這段話的價值，不妨跳過其間的步驟，問自己：「現在我能做哪一件事，才能達成我有朝一日的目標？」這麼問是不管用的。此刻距未來太遠，你無法看清自己的關鍵第一要務。事實上，你可以不斷加回今天、本週等等，但在你加回所有的步驟之前，看不到你所追求的強而有力第一要務。這是為什麼大部分人從來沒有接近目標的原因。他們沒有將今天和到達最後目的的所有明天連結起來。

將今天和你的所有明天連結起來，這件事很重要，學者

的研究支持這個觀點。經濟學家在三項不同的研究中，觀察262 名學生，以了解視覺化對結果的影響。研究人員請學生用兩種方式之一視覺化：他們請一群人將結果（例如考試得A）視覺化，請另一群人將達成理想結果所需的過程視覺化（例如考試得 A 所需的讀書工夫）。最後，將過程視覺化的學生，表現全面較佳，比光是將結果視覺化的學生更早讀書、更常讀書，而且成績比較高。

人們往往對自己能夠做到什麼事過分樂觀，因此大部分人想事情不會一路想下去，研究人員稱此為「規劃謬誤」（planning fallacy）。過程視覺化能幫我們將一個大目標化整為零，分解為達成目標所需的好幾個步驟，有助於在規劃和取得不同凡響的成果時，進行所需的策略思考。這是為什麼「從目標設定回溯到現在」真的管用的原因。

我每天都和不同人有這樣的對話。當他們問我，他們應該做什麼事時，我會反過來問：「在我回答你的問題之前，先讓我問你：你要去哪裡，以及你希望有朝一日在哪裡？」在我帶領他們走過「從目標設定回溯到現在」的過程之後，無一例外，每個人都能很快地明白其中的道理，並且提出自己的答案，然後告訴我他們現在應該做的一件事。這時我會笑著問：「那你為什麼還來問我？」

最後一步，便是將答案寫下來。許多人都提到必須將目標寫下來，而且有很好的理由，就是真的管用。

2008 年，加州多明尼克大學（Dominican University

# 我的一件事是什麼?

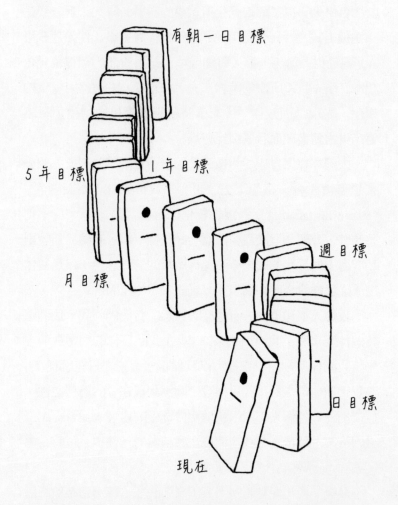

圖 14-2 當下的目標有助於達成將來的目標,產生如第一張骨牌般的能
量。

of California）的蓋爾‧馬修斯（Gail Matthews）博士從不同國家、不同專業領域找來 267 名受測者，包括律師、會計師、非營利機構員工、行銷商等。其中將目標寫下來的人，達成目標的可能性高達 39.5％。將目標和最重要的第一要務寫下來，是你依第一要務過生活的最後一步。

**一、只能有一件事。** 你最重要的第一要務，就是現在你能做的一件事，將協助你達成對你最重要的事。你可能有許多「優先要務」，但是深入探討後，你會發現總有一件最重要的事，也就是你的最高第一要務。

**二、從目標設定回溯到現在。** 了解你的未來目標，才能開始。確定一路上你需要達成的各個步驟，會使你思慮清晰，發現你現在需要執行的正確第一要務是什麼。

**三、用筆把目標寫在紙上。** 寫下你的目標，放在隨時看得到的地方。利用從目標設定回溯到現在，將你的目的拉回來，成為單一的第一要務，也就是你能做的一件事，做了之後，其他每件事就會變得容易，或者不必做，讓你知道該走哪條路可以得到不同凡響的成果。

一旦你知道該做什麼事，那麼剩下來的唯一一件事，就是起而力行。

# 15.

# 為生產力而活

　　「生產力不是指苦幹實幹、忙個不停，或者焚膏繼晷……而是指投入優先要務、規劃和拚命保護你的時間。」

——作家 瑪格莉塔・塔塔科夫斯基
（Margarita Tartakovsky）

　　若非史古基採取了行動，他的故事可能只是文學史的註腳。他對自己的新目的充滿激情，也為了履行目的，必須執行第一要務而有了力量，於是他起而力行。

　　具有生產力的行動會改造生活。你不會在騎兵攻佔山頭的電影中聽到「我們來發揮生產力！」這樣的對白。這絕對不是教練、經理人，或者將軍拿來作戰用的口號首選，以喚醒內心深處的情緒和鼓舞士氣。在你深呼吸、挺身面對挑戰或競爭對手時，你不會對自己這麼說。在史古基掌握了自己改造的生活之後，狄更斯也沒有要史古基說出這樣的話。可是史古基正是發揮了生產力，而且當結果十分重要，沒有其他字眼比生產力更能描述你希望從自己做的事得到什麼。

　　我們總是在做一些事情，例如工作、玩樂、吃、睡覺、

站、坐、呼吸……。只要活著，我們都在做著某件事，即使什麼事都沒做，那也是正在做的一件事。每一天的每一分鐘，問題永遠不是我們會做什麼，而是我們將做什麼。有些時候，我們做的事情並不重要，有時卻相當重要。當我們做的事情相當重要時，它們就會比其他事更能界定我們的生活。因此，想要活得不凡，就是讓自己做重要的事，從中收穫最多。

為生產力而活，會產生不同凡響的成果。

我在教生產力的時候，總是一開始就問：「你們是用哪一種時間管理系統？」底下有多少人，答案就有多少個：有人用紙本行事曆、電子行事曆，也有用日記活頁簿、週記一覽表……。我接著問：「那麼，你們是怎麼選擇的？」理由包括形狀、大小、顏色、價格，以及能夠想像得到的任何標準。不過，學員提到的重點總是外觀，而非這些工具運作的方式。因此當我問：「很好，但你們使用什麼樣的系統？」答案總相同：「什麼意思？」

「嗯，如果每個人的時間相同，卻有人賺得比別人多，」我問：「那麼我們是不是可以說：我們如何運用時間，決定了我們賺多少錢？」大家通常都同意這個說法，於是我繼續問：「如果真是這樣，那麼時間即金錢。這麼說來，描述時間管理系統的最好方式，也許只要看它能賺多少錢就行。因此，你認為你用的是 1 年賺 1 萬美元的系統？1 年賺 2 萬美元的系統？1 年賺 5 萬美元、10 萬美元或者 50

萬美元的系統？抑或你用的是超過 100 萬美元的系統？」

　　一片沉默。最後總有人問：「我們怎麼知道？」

　　我答道：「看你賺多少錢就知道。」

　　如果金錢是產生成果的譬喻，那麼很明顯的，時間管理系統的成功，可以用它發揮的生產力來評斷。

　　我這一生總是為百萬富翁或者後來成為百萬富翁的人效力。其實我並沒有刻意這麼做，事情自然而然就發生。從這些經驗，我學到的最重要一件事就是：最成功的人往往是生產力最高的人。

　　和其他的人比起來，生產力高的人在同樣的時間內可以做更多事情、取得更好的成果，賺到的錢遠多於別人。因為他們將最多的時間投入第一要務，也就是他們的「一件事」，在那裡發揮生產力。他們為自己的「一件事」預留時間，然後極力保護這些時段，持續在預約時段內付出努力，並和他們尋求的卓越成果連結起來。

## 預約時段

　　我常說，我是「排成一條長龍，乏善可陳的人群」中的一員。通常這聽起來像是笑話，卻也是真的。有時候，我的基因可能更像烏龜，不像兔子。另一方面，和我共事的人卻精力無窮，總是在發光發熱。教人驚訝的是，他們能夠長時期工作很長的時間，永不疲累。當我試著效法他們，不到一個星期，身體就受不了。我發現，不管我如何努力，總是無

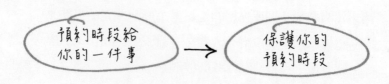

圖 15-1 和自己有約,並且努力保護預約時段!

法以更多的時間,作為做更多事情的主要手段。對我來說,這在體力上根本難以負荷。因此,以我受到的限制來說,我必須設法在自己能投入的時數內,發揮高生產力。

如何解決?答案是用預約時段的方法。大部分人認為,時間永遠不夠用於獲得成功,但當你特意預留下一段時間,便能達成。預約時段是一種非常側重於成果的方法,能夠確保你做到必須做的事情。發明家亞歷山大·貝爾(Alexander Graham Bell)說:「集中你所有的思緒在手頭的工作上。陽光必須聚焦,才會生熱。」

預約時段可以善用你的精力,集中在你最重要的工作上。這是發揮生產力最強而有力的工具。

因此,翻開你的行事曆,把完成一件事需要的所有時間都預約起來。如果那是一次性的一件事,請預約適當的時間和日子。如果是經常性的事務,請預留每天的合適時間,使它成為一種習慣。其他的每一件事,例如各種專案、文書工作、電子郵件、電話、信件、會議等,必須稍候再說。當你

像這樣規劃時間，等於是在創造最具生產力的每一天。

　　遺憾的是，大部分的人都發現自己能夠專注在最重要事情的時間愈來愈少（圖 15-2）。那些最具生產力的人情況則大為不同（圖 15-3）。

　　如果從一項活動可以得到不成比例的成果，那麼你必須給那項活動不成比例的時間。每一天，針對你的預約時間，問自己這個聚焦問題：「今天，我能為我的一件事做哪一件事，做了之後，其他每一件事就會變得比較容易，或者不必做？」當你找到答案，就會為槓桿作用起最大的效果，成果將因此變得不同凡響。

　　依我的經驗，這麼做的人，不只最有成就，生涯機會也最多。慢慢地，他們會成為「無可替代的人」，組織肯定會知道他們的「一件事」，而且，沒人能夠想像或者忍受失去他們的成本。至於那些迷失在「其他每一件事」中的人，處境則恰好相反。

　　當你做好一天中的「一件事」，就能把剩下的時間投入其他的事。聚焦問題，找出你的下一個第一要務，再給那項任務應得的時間。重複這個方法，直到一天的工作結束。如果只是把「其他每一件事」做完，可能有助於你晚上睡得比較安穩，卻不可能讓你得到升遷。

　　預約時段能夠運作的前提在於，行事曆只記下預約做什麼事，卻不在乎你和誰約好做那件事。因此，當你知道自己的「一件事」，那就和自己約好去做。每一天，出色的業務

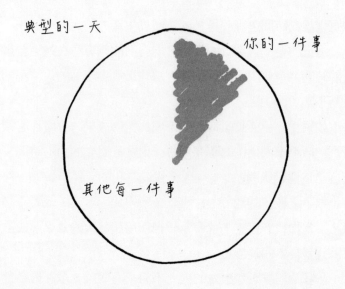

典型的一天

你的一件事

其他每一件事

圖 15-2 其他每一件事占滿你的日子！

員都會創造銷售線索，出色的程式設計師都會寫程式，出色的藝術家都會畫圖。你可以針對任何專業或職位，改寫上述那句話。當你把每一天的時間都投入於變得出色，就會大獲成功。

　　為了取得卓越的成果和體驗出色，請以下列的順序，預約三件事的時段：預約休息時段、預約做「一件事」的時段、預約計劃時段。

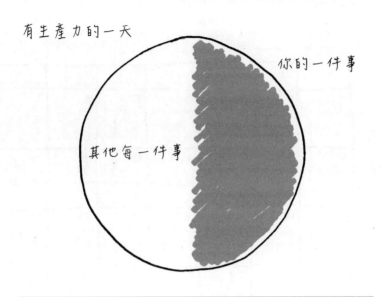

有生產力的一天

你的一件事

其他每一件事

圖 15-3 你的一件事得到它應得的時間！

## 預約休息時段

不同凡響的成功人物，一年之初都會計劃自己的休息時間。為什麼？因為他們曉得有這個需要，也知道自己承擔得起。事實上，最成功的人其實認為自己是在兩次度假之間工作。另一方面，最不成功的人並沒有保留休息時間，因為他們不認為自己值得休息，或者有能力承擔。事先計劃你的休息時間，等於圍繞你的停工時間，管理好自己的工作，而不是反過來做。這一來，也可以讓其他人事先知道你何時休假，好據此做出因應計劃。當你希望獲得成功，首先就要保

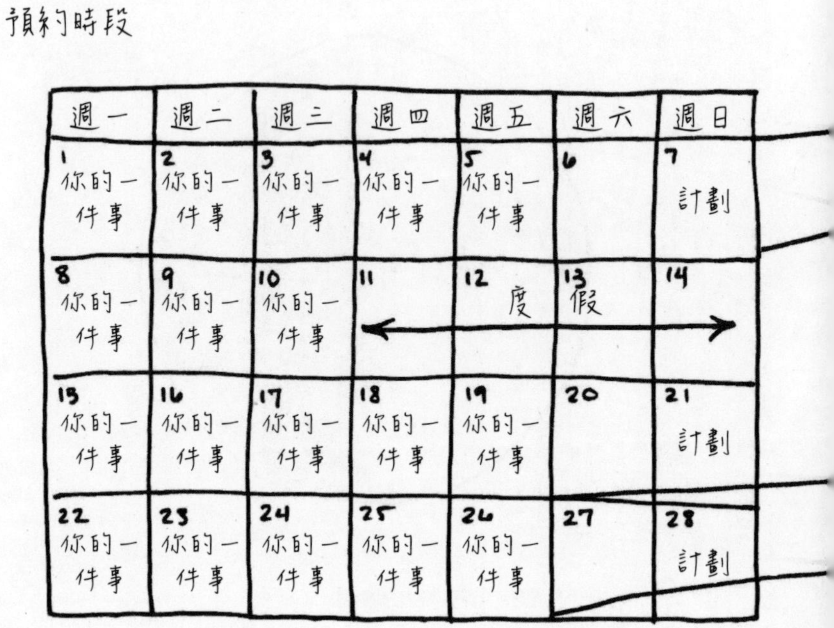

預約時段

| 週一 | 週二 | 週三 | 週四 | 週五 | 週六 | 週日 |
|---|---|---|---|---|---|---|
| 1<br>你的一件事 | 2<br>你的一件事 | 3<br>你的一件事 | 4<br>你的一件事 | 5<br>你的一件事 | 6 | 7<br>計劃 |
| 8<br>你的一件事 | 9<br>你的一件事 | 10<br>你的一件事 | 11 | 12　度 | 13　假 | 14 |
| 15<br>你的一件事 | 16<br>你的一件事 | 17<br>你的一件事 | 18<br>你的一件事 | 19<br>你的一件事 | 20 | 21<br>計劃 |
| 22<br>你的一件事 | 23<br>你的一件事 | 24<br>你的一件事 | 25<br>你的一件事 | 26<br>你的一件事 | 27 | 28<br>計劃 |

圖 15-4 在行事曆上預約時段做你的一件事。

護充電和犒賞自己的時間。

　　騰出時間休息。預約一段長週末和長假期，然後確實放下工作去度假。你會因此休息得更多、鬆懈得更多，並在度完假之後更具生產力。每一樣東西都需要休息，才能運作得

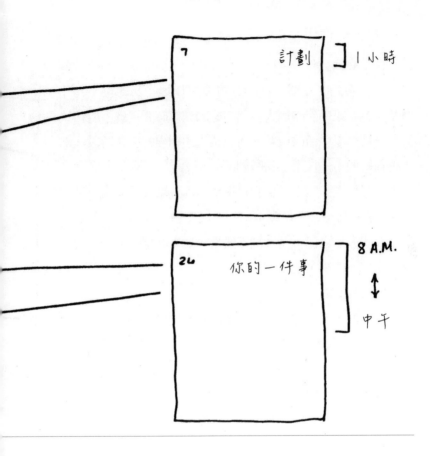

更好，你也不例外。

　　休息和工作同樣重要，有些成功人物違反了這一點，但
這樣的人並不是我們的好榜樣。

## 預約做「一件事」的時段

在預約休息時段之後，接著預約做「一件事」的時段。是的，你看到的沒錯。你的最重要工作排在第二位。為什麼？因為如果你忽略個人休閒娛樂的充電時間，就不能很快樂地維持專業生活的成功。所以請先預約你的休息時段，然後再預約做「一件事」的時間。

最具生產力的人，也就是得到不同凡響成果的人，是以「一件事」為中心，規劃自己每天怎麼過。他們每天約到的最重要的人是自己，而且從不錯過。如果在預約時段之內，提早完成一件事，他們不見得會收工，而是利用聚焦問題，幫助自己利用剩下的時間。

同樣地，如果他們有一件事的明確目標，那麼不管需要多少時間，都會先努力完成再說。羅伯特・勒范恩（Robert Levine）在《時間地圖》（*A Geography of Time*）一書指出，大部分人是按照「時鐘」的時間在工作，例如「現在五點鐘，明天見」，少數人則按照「事件」的時間在工作，例如「我的工作做完，才算完成」。不妨想想。酪農不會在任何時間說歇息就歇息，而是在擠完牛奶後才回家。非常注重成果的任何專業工作者也是一樣，生產力最高的人，是按照事件時間工作，做完一件事之前不會罷手。

要能做到這件事，關鍵在於盡可能預約一天當中很早的時段，給自己 30 分鐘到 1 小時的時間，處理早上的優先要務，然後著手你的「一件事」。

我建議一天預約 4 個小時的時段。是的，我沒寫錯，一天 4 個小時。老實說，這是最低限度。如果你能花更多時間，那就騰出更多時間。

　　史蒂芬・金（Stephen King）在《談寫作》（On Writing）一書中提到他的工作流程：「我自己的時間表切割得相當清楚。早上屬於新東西，也就是目前正在寫的文字。下午用於打盹和寫信。晚上則閱讀、和家人相聚、打開電視看紅襪隊（Red Sox）的比賽，以及修改任何不能再等的東西。基本上，早上是我的黃金寫作時間。」一天用上 4 個小時，可能比史蒂芬・金的小說內容更令你害怕，但他的成果無庸置疑。史蒂芬・金是當代最成功和最多產的作家之一。

　　每當我說到這個故事，總是有人會說：「嗯，沒錯，對史蒂芬・金來說很容易，畢竟他是史蒂芬・金！」我只簡單回應：「我想，你應該問自己的問題是：因為他是史蒂芬・金，所以才能做這件事，還是因為他做了這件事，所以成為史蒂芬・金？」這句話，總是讓對方啞口無言。

　　史蒂芬・金在寫作生涯之初，也和其他許多成功作家一樣，必須盡可能騰出寫作時段，包括早上、晚上，甚至午餐休息時間，因為白天還有其他工作，不容他盡情追求人生的野心。一旦不同凡響的成果開始顯現，而且能靠「一件事」維生，他便可以將時段移動到比較能夠維持長久的時間。

　　我們的團隊有位行政助理，最近改變做法，騰出一大段時間做某項專案。起初壓力很大，不斷遭到干擾。電子郵件

進來的提醒聲、同事路過、團隊成員不斷要求她幫忙做這做那。這些甚至不能說是令她分心的事情，因為本來就是她的工作。最後，她必須借用一台筆記型電腦，並且登記使用會議室，以逃避那些「路人」和並非緊急的隨意要求。僅僅一個星期，每個人都習慣了在固定的時間內找不到她，他們隨之調整自己的習慣，這件事只花一個星期，不必等上一個月或一年，真的一個星期。會議時間重新安排，日子照舊進行，她的生產力因此大躍進。

不管你是誰，預約一大段工作時間的做法都行得通。

保羅・葛雷姆（Paul Graham）是創意十足的創業投資公司 Y Combinator 的創辦人之一，他在 2009 年寫了一篇文章，題為〈製作者和管理者各有時間表〉（Maker's Schedule, Manager's Schedule），強調有必要挪出一大段時間。葛雷姆表示，一般的企業文化會因為人們傳統上安排時間的方式而阻礙生產力。

葛雷姆將所有的工作分成兩類：負責做事情或者創造東西的製作者，以及負責督導或指揮的管理者。「製作者」需要一大段時間，用於寫程式、發展構想、產生銷售線索、招募人員、生產產品，或者執行專案和計劃。這樣的時間往往以半天為一個單位。相反地，「管理者」的時間細分為小時，通常要從一場會議趕到另一場會議，而且因為負責督導或指揮的人往往握有實權，因此「處於要每個人配合他們的頻率而共鳴的位置」。如果需要製作者時間的人，在奇怪的

時間被拉去開會，因而破壞他們往前推進自己和公司所需的時段，那就會製造很大的衝突。葛雷姆持有這樣的洞見，因此在 Y Combinator 塑造的公司文化，現在完全依照製作者的時間表運作，所有的會議集中在一天結束時召開。

為了取得不同凡響的成果，請在上午當製作者，下午當管理者。你的目標是「一件事並且完成」，但是如果每天預約時段做你的「一件事」，你的「一件事」就不會完工。

## 預約計劃時段

預約時段的最後一個優先要務是計劃時間。你必須在這個時段，思考自己現在在哪裡，以及想要往哪裡去。對年度計劃來說，這個時間應該安排在年底，如此才能對自己走的軌道產生感覺，但不能太晚，以至於錯過隔年的起跑點。看看你的有朝一日和 5 年目標，評估你在次年必須產生的進度，才能走在實現目標的軌道上。你甚至可能需要添增新目標、重新思索舊目標，或者取消不再能夠反映目的或優先要務的目標。

每個星期分配 1 小時，檢討你的年目標和月目標。首先，問自己那個月需要做好什麼事，才可望達成年目標。接著問那個星期必須做好什麼事，才可望達成月目標。基本上，這等於是在問：「根據我目前所在的位置，這個星期我需要做哪一件事，才能走在實現月目標的軌道上，以及讓我的月目標可望走在實現年目標的軌道上？」等於在排自己的

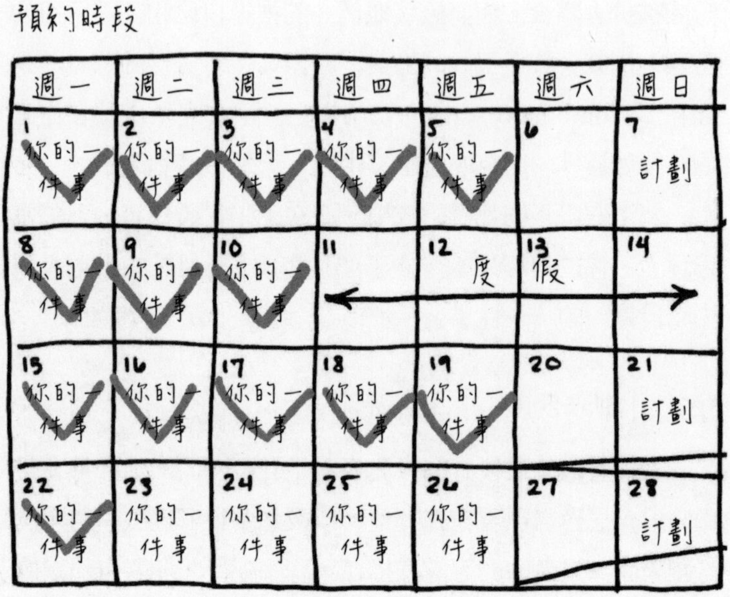

預約時段

| 週一 | 週二 | 週三 | 週四 | 週五 | 週六 | 週日 |
|------|------|------|------|------|------|------|
| 1 你的一件事 ✔ | 2 你的一件事 ✔ | 3 你的一件事 ✔ | 4 你的一件事 ✔ | 5 你的一件事 ✔ | 6 | 7 計劃 |
| 8 你的一件事 ✔ | 9 你的一件事 ✔ | 10 你的一件事 ✔ | 11 | 12 度假 ← | 13 假 | 14 → |
| 15 你的一件事 ✔ | 16 你的一件事 ✔ | 17 你的一件事 ✔ | 18 你的一件事 ✔ | 19 你的一件事 ✔ | 20 | 21 計劃 |
| 22 你的一件事 ✔ | 23 你的一件事 | 24 你的一件事 | 25 你的一件事 | 26 你的一件事 | 27 | 28 計劃 |

圖 15-5 ✔ 加起來，就成為不同凡響的成果！

骨牌，決定需要多少時間去做這件事，並在行事曆上保留那麼多時間。事實上，我們可以說，當你分配好計劃時間的時段，其實是騰出一段時間去做預約時段的工作。請仔細想想，確是如此。

2007 年 7 月，軟體開發者布萊德・以撒（Brad Isaac）分享了據說他從喜劇演員傑瑞・盛菲德（Jerry Seinfeld）那裡聽到的生產力祕密。盛菲德在聲名大噪之前，仍經常巡迴

演出。以撒在一間俱樂部遇到盛菲德，請教他如何當演員。盛菲德表示，關鍵在於每天寫笑話，這也是他的「一件事」！他發現，做這件事的一個好方法，就是掛一張很大的行事曆在牆上，每一天，只要他有做到自己要求的事，就在上面打個很大的紅色 v。盛菲德說：「經過幾天，你就會連成一條鍊子。堅持不間斷做這件事，每一天鍊子就會增長一點。看著這條鍊子，你會滿心歡喜，尤其是做了幾個星期之後。你唯一的工作，是不要讓鍊子斷掉。千萬別讓它斷掉。」

　　我喜歡盛菲德的方法，因為這和我信以為真的每一件事都能起共鳴。方法很簡單，以做一件事為基礎，而且能夠持續產生動能。你可能看著行事曆，不勝惶恐地自問：「我哪有可能這樣持續做上一整年？」但是設計這套系統的目的，是將你的最大目標帶到現在，而且只要聚焦於畫下一個 v 就行。蘇格蘭政治家華特‧艾略特（Walter Elliot）說：「堅持不輟不是長跑，而是一場接一場的短跑。」當你完成這些短跑，並以一條鍊子串連它們，事情就會變得愈來愈簡單，動能和動機都會開始接手。

　　日復一日，推倒最重要的骨牌，就會產生魔法。你必須做的，只是避免那條鍊子斷掉，而且一天只要一次，直到生活中產生強而有力的新習慣，也就是預約時段的習慣。

## 保護預約時段

聽起來很簡單？預約時段是很簡單沒錯，如果你能努力保護它的話。

預約好的時段，要真的能將時間保留下來做你的「一件事」，你必須設法保護它們才行。雖然預約時段不難，保護你的預約時段卻不容易。這個世界並不知道你的目的或優先要務，而且不必為它們負起責任，除了你之外。所以你的工作，就是保護你的預約時段，不受其他人干擾，也不會因為你忘掉而被自己破壞。

保護預約時段的最好方式，是養成一種心態，相信它們絕對不能移動。因此，當某個人想在那個時段請你做事，只要這麼回答：「抱歉，那個時間我已經有約了」，然後提供其他的替代時間，看對方能不能接受。如果對方感到失望，你可以表示歉意，但絕不動搖。以不同凡響成果為取向的人每天都這麼做，絕不更動自己最重要的約定。

最困難的部分，是面對高階的要求。包括你的主管、重要客戶、令堂在內的重要人士，經常以相當急迫的語氣要你去做某件事，你該如何說不？有個方法是先說好，然後問：「如果我在（某個明確的時間內）做好，可以嗎？」大部分時候，他們會有那些要求，只是想要盡快交代一件事，並沒有必須馬上做好的意思。因此提出要求的人，通常只是想確定你會去做那件事就行。有些時候，對方真的要求你立刻去做，你只好擱置正在做的事情，轉而執行他們的要求。遇到

這種情況，務請遵循「擦掉之後，必須另行補上」的原則，立即重新安排你的預約時段。

此外，如果你覺得工作滿檔，負荷過重，保留一個時段的挑戰似乎很大。把那麼多時間給「一件事」，很難想像如何做好其他的事。關鍵在於，將你的「一件事」做好之後，整列骨牌將倒下的畫面充分內化。並且記住，你可能會做或者必須做的其他事，會變得比較容易或者不必做。當我開始預約時段，我所做的效果最好的一件事，就是攤開一張紙，上面寫著：「在我的一件事完成之前，其他每一件事都會令我分心！」試著如法炮製。把它放在你和其他人都能看到的地方，將它當作座右銘，經常對自己和其他每個人這麼說。久而久之，其他人會開始了解你如何工作，並且支持你。請拭目以待。

毀掉預約時段的最後一件事，是你無法釋放自己的心理。日復一日，你想做其他事情，而不是你的「一件事」，這可能是你必須克服的最大挑戰。在你簡化焦點的那一刻，生活並沒有因此簡化，總有其他事情吵著要你去做。因此，當一些事情蹦進腦海，只要將它們寫到待辦事項清單上就行，然後繼續做你該做的事。換句話說，你要倒出腦中的垃圾，把它們丟到眼不見為淨的地方，直到該做的那一刻。

最後，你的預約時段可能遭到多種方式破壞。下面四種方法，已經證明能夠對抗令人分心的事情，幫助你繼續專注於你的「一件事」。

一、建立安全堡壘。找個能讓你安心工作、不被其他事情打斷和干擾的地方。如果你有辦公室，可以掛個請勿打擾的牌子。如果辦公室有道玻璃牆，考慮安裝窗簾，如果你在隔間內工作，不妨請求允許安裝屏風。如果有必要，到別的地方做事。大文豪海明威（Ernest Hemingway）遵守十分嚴格的寫作時間表，每天早上七點在臥室開始動筆。平凡但仍然才華洋溢的商業作家丹·希思（Dan Heath）「買來一台筆記型電腦，殺掉裡面所有的瀏覽器，而且基於很好的理由，也刪除它的無線網路驅動器」，並將他的「時光機」帶到咖啡廳，以免分心。在這兩個極端之間，你可能只需要找間沒人的房間，關上門就行。

二、儲存備品。將你需要的生活用品、材料、點心或飲料放在手邊。而且，除了上洗手間，不要離開你的堡壘。光是走到咖啡機，遇到某個人，你的一天便有可能走樣。

三、掃除地雷。關掉電話、電子郵件和退出網際網路瀏覽器。你的最重要工作，值得你投入百分之百的注意力。

四、爭取支持。告訴那些最有可能找你的人，你正在做什麼，以及何時可以找到你。當他們看到你描述的大格局，也知道什麼時候能夠找到你，他們的寬容會令你大感意外。

如果你為了預約時段而繼續拔河，不妨利用聚焦問題問：我能做哪一件事，保護我每一天的預約時段，而且做了以後，其他每一件事就會變得比較容易，或者不必做？

一、**將點連結起來。**當你想去的地方和今天所做的事完全吻合，就有可能取得不同凡響的成果。釐清你的目的，根據目的決定優先要務。優先要務清楚之後，唯一的路徑便是努力工作。

二、**預約時段做你的「一件事」。**實現「一件事」的最佳方式是經常為自己預約。預約一天很早的一大段時間，不要少於 4 個小時！你可以這麼想：如果你的預約時段受到考驗而無法堅持，行事曆是否包含夠多的證據，能夠說服你照著它去做？

三、**盡所能保護預約時段。**只有在你將「不容許任何事情和任何人使我分心，不去做我的一件事」這句話當作座右銘，預約時段才能發揮功效。遺憾的是，即使你有這個決心，世界還是會來試探你。因此，請發揮創意，保持強硬的態度。你預約的時段，是一天當中最重要的會議，因此你必須做的是盡你所能去保護它。

取得卓越成果的人，不是靠拉長工作時間去取得，而是在自己的工作時數內，做更多的事情以取得那樣的成果。預約時段是一回事，在預約時段內發揮生產力又是另一回事。

# 16.

# 三個執著

「全力而為的人，不會後悔。」

——美式足球芝加哥熊隊的教練兼創辦人

喬治·哈拉斯（George Halas）

想要透過預約時段以取得卓越成果，需要三個執著。首先，你得抱著想要精通「一件事」的思考模式，執著於盡己所能。為了要取得卓越成果，相對地也必須投入非比尋常的努力。

其次，你必須持續不斷尋找做事的最好方式。就算盡你所能，如果期望產生的成果和投入的努力不相當，也只會白忙一場。最後，你必須願意負起責任，做好能做的每一件事，以實現你的「一件事」。執著於上述這三件事，就能給自己體驗不同凡響的機會。簡而言之，做好「一件事」的三個執著包括：

一、遵循大師養成之路。

二、從「E」到「P」。

三、自負責任的循環。

## 遵循大師養成之路

我們不再常聽到「大師養成」（mastery）這個詞，但要取得卓越成果，它和以前一樣重要。乍聽之下，這個詞可能令人生畏，但是當你將成為大師視為該走之路，而不是抵達的目的地，你會開始覺得自己不但能做這件事，而且做得到。大部分人認為，成為大師是最後的結果，但是追根究柢，成為大師是一種思考方式、一種行為方式，也是體驗的旅程。追求精通一件事，會使你做的其他事變得比較容易，或者不再必要。因此，成為大師在你推倒骨牌的過程中，扮演關鍵角色。

關於成為大師，是指在你最重要的工作上盡己所能，成為最優秀的人。這條路是為了吸取更多的經驗和專長，永不停息的旅程中，不斷學習基本功所用的方法之一。不妨這麼想：空手道白帶選手的訓練到了後面某個時點，會學到黑帶所懂的相同基本動作，只是練習不夠，做得還不夠好。我們在黑帶層次看到的創意，來自精通白帶的基本功。由於總是需要更上一層樓，去學習另一個層次的東西，所以大師養成實際上是指你是已知事情的大師，卻是未知事情的學徒。換句話說，我們成為過去事情的大師，卻是未來的學徒。這是為什麼成為大師是一趟旅程的原因。搖滾巨星艾力克斯・范・海倫（Alex Van Halen）曾經表示，他晚上要出門時，弟弟艾迪就坐在床上練彈吉他。幾個小時之後他回來，艾迪還在相同的地方練習。這就是成為大師的旅程。

1993 年，心理學家安德斯‧艾瑞克森（K. Anders Ericsson）在《心理學評論》（*Psychological Review*）期刊上發表〈苦練才能成為專家〉（The Role of Deliberate Practice in the Acquisition of Expert Performance）一文。這篇文章除了是了解如何成為大師的經典之作，也戳破了專家的表現來自天賦、天生，或甚至是不世出的奇才之類的說法。艾瑞克森帶我們一窺成為大師的祕密，「一萬個小時法則」的觀念也應運而生。他的研究找到了一個共同的型態，也就是名家總是長時間不斷刻意練習，才能有日後耀眼的成就和表現。一項研究中，知名小提琴手異於其他人的地方在於，每個人 20 歲以前練習時間都累計超過一萬個小時。許多名家演出者以大約 10 年的光陰，完成他們的旅程。簡單計算一下，可以算出他們一年 365 天，平均每天練習約 3 個小時。現在，套用到你在工作上的「一件事」。倘若你一年工作 250 天（一週 5 天，一年 50 週），那麼，要在成為大師的旅程上趕路，你平均一天需要投入 4 個小時。這可不是隨便說說的數字，而是你為你的「一件事」，每天需要特別留下來的時數。

　　一技之長是靠投入的時數來培養，這比什麼都重要。米開朗基羅曾說：「如果知道我必須多賣力才能有這樣的神乎其技，就會覺得我的作品一點也不神奇。」他說得很明白。長時間投入一件事，最後一定會勝過與生俱來的才華。

　　當你執著於預約時段做「一件事」，務必以成為大師的

心態去做。這會給你大好的機會，盡你所能發揮最高的生產力，最後成為你所能的最優秀人才。此時，有趣的事情發生了：生產力愈高，愈可能得到本來得不到的額外獎酬。

當你在成為大師的路上邁進時，自信心和成功的能力都會增長。你會發現，成為大師之路和你追求下一個境界並沒有那麼不同。令人驚喜的是：在你精通一件事後，它會成為其他事的平台，並且加快做其他事的流程。知識會帶來更多的知識，能力也會更上一層樓，骨牌因此更容易倒下。

成為大師這條路需要不斷付出，因為這條路永遠不會結束。喬治‧倫納德（George Leonard）在他的巨著《大師鍛鍊》（Mastery）中，提到柔道創始人嘉納治五郎的故事。據說，嘉納治五郎臨死前把學生叫到身邊，要求繫著白帶下葬。他是自創武術的最高武學大師，卻認為自己終生都只是個初學者。在他看來，學習的旅程永遠不會結束。預約時段對成為大師極其重要，而成為大師則是預約時段所不可或缺，兩者齊頭並進。當你做了其一，也會做到另一。

## 從雄心壯志到目標導向

我在擔任教練時常問那些高績效學員：「你只是盡己所能做這件事，還是以這件事所能做到的最好方式去做？」雖然這個問題不是在玩文字遊戲，卻還是會令人為之語塞，答不出來。許多人明白，雖然自己盡了自己最大努力，卻沒有運用最好的方式去做，因為他們不願意改變自己正在做的

事。精通某件事之路，不只需要盡己所能去做，也需要用最好方式去做。持續不斷改善你做某件事的方式，攸關你能不能得到最多成果。這稱作從「E」到「P」。

當我們早上翻身下床，開始忙碌的一天，使用的方法是下列二者之一：雄心壯志型（Entrepreneurial；「E」）或目標導向型（Purposeful；「P」）。雄心壯志型是我們自然而然採取的方法。我們看到想做的事，或者需要做好的事，於是滿懷熱情、精力充沛，運用天生能力趕著去做。不管做的是什麼事，天生能力都會遇到成就上限，也就是說，生產力和成功水準最後會止漲走平。雖然這種情形因人而異，也因事而異，但每個人的一生中所做的每件事都有上限。給某些人一把鐵錘，他們馬上搖身而為木匠。給我一把鐵錘，我則笨手笨腳，不知如何是好。換句話說，有些人天生善於運用鐵錘，不需要什麼指示或練習，但像我這樣的人，一拿到鐵錘便遭遇成就上限。如果你投入的努力，不管達成什麼樣的成就水準，自己都可以接受的話，那麼只要做完，大可繼續往前推進。當你做的是你的「一件事」，那麼任何成就上限都必須加以克服。這時就需要採用不同的方法，也就是目標導向型方法。

生產力高的人，不接受天生方法限制他們的成功。當他們遇到成就上限，就會尋找新的模式和系統、更好的做事方法，期望一舉衝破難關。他們會暫停夠長的時間，檢視自己有什麼樣的選擇，挑出其中最好的一樣，然後立刻回頭去

## 雄心壯志型方法
「做天生做得來的事情」

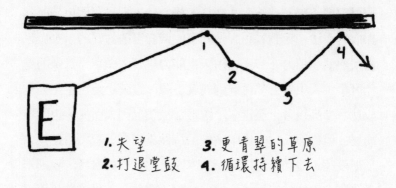

天生的成就上限

E

1. 失望
2. 打退堂鼓
3. 更青翠的草原
4. 循環持續下去

圖16-1 長期而言,「目標導向型方法」總是勝過「雄心壯志型方法」。

做。請「E」型人去砍柴,他們可能馬上扛起斧頭,直接走進森林。目標導向型人則並非如此。他們可能問:「哪裡找得到鏈鋸?」抱持「P」心態,才可望有所突破,做到遠遠超過天生能力的事情。

　你必須願意去做任何需要做的事,不可以對將來要做的事設限。你必須打開心胸,接納做事情的新觀念和新方式,才能在人生中有所突破。走在成為大師的路上,你會發現自

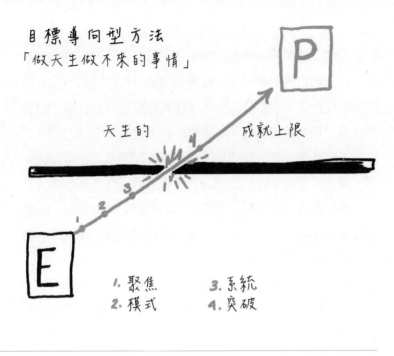

目標導向型方法
「做天生做不來的事情」

天生的　　成就上限

E

1. 聚焦　　3. 系統
2. 模式　　4. 突破

己持續不斷遭遇挑戰，必須去做新的事情。目標導向型的人遵循簡單的法則：「想要有不同的成果，就需要做不同的事情。」把這句話當座右銘，就可能有所突破。

　　太多人一到績效「夠好」的水準，就停止做得更好。走在成為大師路上的人，卻以持續不斷調高目標的方式，避免發生這種事。他們挑戰自己，必須突破目前的上限，而且當個永遠的學徒。作家兼記憶高手約書亞・弗爾（Joshua

Foer）提到「得過且過高原」（OK Plateau）。他以打字為例來說明。如果練習時間那麼重要，那麼在我們的專業生涯中，以我們打過的數百萬份備忘錄和電子郵件來看，大家應該都已從小雞啄米那樣的速度，變成每分鐘打一百個字的高手。但這種事情沒有發生。我們的打字能力到達自己認為可以接受的水準之後，便轉換學習目標。我們進入自動駕駛模式，遭遇最常見的成就上限之一：遇到得過且過高原。

當你尋找的是卓越的成果時，那麼接受得過且過高原或其他成就上限，是行不通的。當你想要突破高原和上限，唯有透過「P」的方式。

在商業領域和生活中，我們一開始都是雄心壯志型。以自己目前的能力、精力、知識和努力水準，追求某樣東西。簡單地說，我們追求的是得來容易的每一件事。以「E」的心態做事，令人放心，因為感覺很自然。這正是我們目前的樣子，也是我們習慣的做事方式。

然而，當「E」成為我們唯一的方法，就會對我們能夠取得的成就和成為什麼樣的人，形成一種人為的限制。如果完全以「E」去做某件事，然後遭遇成就上限，我們就會一而再、再而三遇到障礙而彈回。這樣的事情持續發生，直到再也不能忍受失望，打退堂鼓便成為唯一結果，最後只好到其他地方尋找更為青翠的草原。當我們認為自己已經在某種情況中使盡全力，就會以為，從頭來過才能夠往前推進。問題是，在你以新的熱情、精力、天生的能力和努力，去做下

一件新的事情，然後遭遇另一道上限和感到失望，再次打退堂鼓，就會出現惡性循環。接下來，你會再去尋找更青翠的草原。

倘若以「P」的心態去面對相同的上限，事情就會有所不同。目標導向型方法說：「我仍然執著於成長，所以我有哪些選項？」接著使用聚焦問題，縮小那些選項，直到應該做的下一件事出現為止。你該做的事，可能是遵循新的模式，或者取得新的系統，或者兩者都做。但是要有心理準備：執行這些事情，可能需要新的思維、新的能力，甚至新的關係。或許這些一開始都讓人覺得不自然，那也無妨，目標導向型就是經常要做「天生做不來」的事情。當你執著於取得卓越的成果，就必須去做該做的事。

當你已經全力而為，但相當肯定結果並沒有達到最佳狀態，請脫離「E」，進入「P」，去尋找更好的模式，也就是能將你帶到更遠地方的方式。然後，採取新的思維、新的能力和新的關係，協助你將它們付諸行動。在你預約時段時，做個目標導向型的人，釋放潛力。

## 自負責任的循環

我們所做的事和得到的成果之間的連結密不可分。行動會決定結果，結果又會提供資訊給行動。當個負責任的人，這個正面循環會讓你發現自己必須做什麼事，才能取得卓越的成果。這是你必須執著於過自負成果責任循環的原因。

為結果負起完全的責任，不將責任推卸給別人，是一個人取得成功最強而有力的做法。可以說，負責任很可能是三個執著當中最重要的。少了它，成為大師的旅程會在遭遇挑戰的那一刻被打斷。少了它，遭遇障礙時會不知如何突破。負責任的人會吞下挫敗，繼續往前走，不屈不撓地走過一個又一個問題，不斷向前邁進。負責任的人以成果為取向，絕不為無法把事情做好的行動、能力水準、模式、系統或關係辯護。他們毫無保留，盡己所能去做任何需要做的事。

　　負責任的人能夠取得別人只能夢想的成果。當事情發生，你可以編寫自己的人生，也可以當個受害者，選擇只有兩個：負責任或不負責任。這聽起來可能刺耳，卻是真的。每一天，我們都在選擇其中一種方法，相對應後果將永遠跟著我們。

　　我們拿兩家相互競爭的企業中，兩位經理人用不同方式面對市場突然變動為例來說明。某個月，顧客排成的人龍一直延伸到門外，下個月卻連一位顧客也沒見到。經理人如何因應，會使結果非常不同。

　　負責任的經理人立即了解狀況：發生了什麼事？她會研究自己到底面臨什麼狀況。另一位經理人則拒絕承認所發生的事情，認為那不過是螢幕上突然冒出的光點、小故障、異常。他聳聳肩，認為這不過是個「小月」。在此同時，負責任的經理人發現競爭對手正搶走市場，於是咬緊牙根說，情況就是這樣了，然後為眼前的問題負起全責。她認為，如果

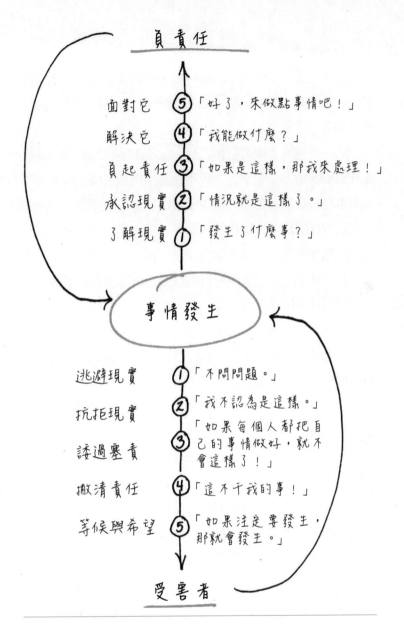

圖 16-2 事情發生時，選擇負起責任，而非當個受害者！

真是這樣，那我來處理。她願意挺身處理現實狀況，這為她帶來巨大優勢。她因此能夠站在一個位置，開始思考能以什麼不同的方式做事。

另一位經理人繼續抗拒現實。他提出不同的觀點，將責任推到別的地方，反擊道，我不認為事情是這樣。如果公司的同事都做好份內工作，根本不會出現這樣的問題！

負責任的經理人尋找解決方案。更重要的是，她假設自己是問題的一部分：我能做什麼？一找到正確的戰術，便馬上行動。她認為，情況不會自動改變，所以來做點事情吧！另一位經理人則怪罪其他每個人，完全撇清責任。他宣布，這不干我的事，然後期待事情變好。

以這種方式說明，差別就相當鮮明了，對吧？前者積極嘗試編寫自己的命運，後者只不過是在投機取巧。一個願意負起責任，另一個寧可當受害者。最後，有人改變了結果，另一個則否。

沒錯，「受害者」是個難聽的詞。請注意，我描述的是態度，不是人，但如果持續夠長的時間，兩者會合而為一，變成相同的東西。沒有人天生是受害者；只是態度或方法的問題。如果情況被允許持續存在，這個循環就會變成習慣。反之亦然。任何人都能在任何時間負起責任，你愈是傾向於選擇自負責任，它愈有可能成為你面對困境時的自動答案。

高度成功的人，十分清楚自己扮演的角色。他們不害怕現實，而是去尋找它、承認它、為它負起責任。他們曉得，

只有這樣，才能發掘新的解決方案，將它們付諸應用，體驗不一樣的現實。於是，他們勇於負責，設法解決問題，將結果視為資訊，框架更好的行動，以得到更好的結果。他們真的了解這個循環，並且用來取得卓越成果。

將負責任的態度帶到生活中的最快方式之一，就是找個能當責的夥伴（accountability partner）。責任可能來自導師、同伴，或者以最高的形式來說，那人是教練。總之，不管何者，務必建立起當責關係，允許夥伴講實話。這事極為重要。當責夥伴不該是啦啦隊員，但他確實能鼓舞你的士氣。當責夥伴會針對你的表現，提供坦誠、客觀的意見，也會持續期待你報告生產力方面的進度，在必要的時候，提供極為重要的腦力激盪或甚至專門技術、知識。對我來說，教練或導師是最佳的當責夥伴。雖然同事或朋友絕對能夠幫助你看到自己可能沒看到的事，但你同意對某個人真正負起責任，才最有可能持續不斷負責。這樣的關係，才會產生最好的結果。

前面提過的一項研究指出，將目標寫下來的人，成功的可能性高出 39.5％。實際上不只如此。寫下目標，並將進度報告寄給朋友的人，實現目標的可能性更高達 76.7％。光是定期和某個人分享你邁向目標的進度，效果就和你寫下目標一樣，取得成功的效果幾乎增為兩倍。

負責任對你的成功是有幫助的。艾瑞克森針對專家的表現而做的研究證實了名家的表現和教練之間，具有相同的關

係。他觀察到：「這些業餘者和三類名家之間的最重要差別在於，將來的名家會尋求老師和教練的協助，並在接受督導下展開訓練，業餘者卻很少有類似的練習。」

當責夥伴對你的生產力將有正面衝擊，他們會要求你誠實，並且走在正確的軌道上。光是知道他們正等著你的下一份進度報告，就能激勵你努力取得更好的成果。理想的教練能夠「指導」你如何與時俱進，拿出最好的表現。這是優秀人士更上一層樓的方式。

教練會在你的三個執著上協助你。不管是走在成為大師的路上、從「E」到「P」的旅程，還是自負責任，教練都是無價之寶。事實上，絕大多數的名家在關鍵領域都有教練助他們一臂之力。

找教練幫忙，絕對不嫌早，也不嫌晚。執著於取得卓越的成果，你會發現教練能給你最佳的可能機會。

**一、執著於全力而為**。只有在最重要的工作上，盡你所能，成為你所能成為的出類拔萃人物，才有可能取得卓越成果。這在本質上是邁向大師之路，而且，由於需要假以時日才能成為大師，所以必須執著，才可能成真。

**二、對你的「一件事」抱持目標導向型心態**。從「E」走向「P」，去尋找能讓你走到最遠地方的模式和系統。不要只滿足於做天生做得來的事情，敞開心胸，接納新的思維、新的能力和新的關係。如果成為大師之路是指執著於全力而為，抱持目標導向型心態則是指執著於採取最好的可能方法。

**三、為你的結果負起全責**。如果你想要卓越的成果，那麼當受害者無法讓你如願以償。只有在你勇於負責的時候，才會發生改變。因此，離開乘客席，永遠選擇坐上駕駛座。

**四、找位教練**。少有人能在沒有教練指導的情況下，取得卓越成果。

請記住，我們談的不是普通的成果，我們追求的是不同凡響。大部分人都捨棄那樣的生產力，其實不必如此。當你為最重要的優先要務預約時段、保護你的預約時段，然後以盡可能最有效的方式在預約時段內工作，生產力就能提升到最高。你將體驗到「一件事」的力量。

# 17.

# 四個小偷

1973 年，一群神學院的學生無意中參與了「慈善的撒瑪利亞人實驗」（The Good Samaritan Experiment）的研究。研究人員找來這些學生，將他們分成兩組，觀察哪些因素影響他們是否願意幫助急難中的陌生人。研究人員要求其中一組人準備談神學工作的演說；另外一群人則是談慈善的撒瑪利亞人的比喻。這是聖經上的故事，意指幫助有需要的人。學生中，有些人被告知他們已經遲到，必須趕往目的地，另一些人則被告知可以好整以暇。他們並不知道研究人員在他們經過的路上，安排一個人癱倒在地、不斷咳嗽，顯然急需有人伸出援手。

最後，不到一半的學生停下來幫忙，但決定因素並不在於他們必須做的事，而是和時間有關。趕著前往目的地的學生，有 90％ 沒有停下腳步協助陌生人，有些甚至跨過他，匆忙趕向他們該去的地方，其中一半的人是要去發表幫助他人的演說。不過這似乎並不重要！

如果神學院學生都那麼容易分心，忘了自己的真正第一要務，一般人豈不更慘？

我們的最佳意圖顯然很容易被拋諸腦後。正如六個謊言會欺騙你，引導你誤入歧途，也有四個小偷會挾持你，搶走你的生產力。由於沒人站在旁邊保護你，所以必須由你自己出手制止這些小偷。生產力的四個小偷包括：

一、無力說「不」。

二、害怕混亂。

三、不良的健康習慣。

四、環境不支持你的目標。

## 無力說「不」

曾有人告訴我，一個「是」必須用一千個「不」來捍衛。當時我初入職場，根本不懂這句話是什麼意思。今天，我想這個數字是被低估的。

當你想要專注卻分心，是一回事，還沒專注就遭到挾持，則是另一回事。要保護自己已經說是的事，並且維護生產力，方法是對可能使你出軌的任何人或事說不。

同事會請你提供意見、伸出援手，要你參加他們的團隊，朋友會請你幫忙，陌生人會找上你……邀約和干擾從每一個想像得到的角落冒出。如何處理所有這些，決定你能不能真正投入一件事，以及最後能夠產生什麼樣的成果。

其中道理是這樣的：當你對某些事情說是，那麼你會知

道必須對哪些事情說不。因為《飄》（*Gone with the Wind*）而成名的編劇西尼·霍華德（Sidney Howard）表示：「知道你想要什麼，有一半是因為你知道得到什麼之前必須放棄什麼。」成就大事的最好方式，終究必須從小處著手。當你從小處著手，就必須對許多事情說不。這些事情遠比你以前所想的要多。

沒有人比蘋果公司創辦人賈伯斯更懂得從小處著手。他不只以推出驚天動地的產品為豪，也以他所放棄追逐的產品為豪。1997 年，他回到公司之後兩年，將公司的產品從350 種減為 10 種，這等於向 340 種產品說不，而這還沒算進那段期間內提出的新構想。他在 1997 年的麥金塔全球開發者大會（MacWorld Developers Conference）上解釋說：「談到專注，你可能會想，『嗯，專注是說是』。錯了！專注是說不。」賈伯斯追求的是不同凡響的成果，而且他曉得只有一種方法能夠到那裡。賈伯斯是說「不」的人。

根據預設，說是的藝術就是說不的藝術。對每個人說是，等於沒對任何人說是。每多一項義務，就會減損你想做的每一件事所展現的效果。所以你做的事愈多，任何一件事的成功程度愈低。我們無法取悅每一個人，所以不必去嘗試。事實上，當你嘗試這麼做，絕對無法取悅的那個人就是你自己。

請記住，對你的「一件事」說「是」，是你的最高優先要務。只要你用正確的眼光去看這件事，對於任何使你無法

在預約時段做「一件事」的那些事說不，應該很能讓你接受。接下來就只是怎麼做的問題。

所有人在某種程度內都有不知如何說不的困擾。原因很多。我們都希望幫助別人，不想傷害他人。我們希望表現關懷和體貼，不希望讓人覺得自己冷漠無情。所有這些，完全可以理解。被人需要讓人無比滿足，幫助他人更令人感到欣喜。只關注自己的目標，不把其他事情放在心裡，尤其是將我們最重視的理念和人都被排除在外，會讓人覺得自私和以自我為中心。但情況不必如此。

行銷大師賽斯・高汀（Seth Godin）說過：「你可以用尊重對方的方式說不，當然可以脫口而出說不，也能在說不的時候，引領對方去找可能說是的人。若只因為你無法承受說不的短期痛苦而說是，對你做好事情並無幫助。」高汀深諳其中的道理。你可以用對自己和別人都好的方式，保留你的是和說不。

當然，每當你需要說不，總是可以直截了當說出來，一切就告結束。這件事根本沒有什麼不對的地方。事實上，每一次都應該是你的第一選擇。但果你覺得需要以對人有幫助的方式說不，還是有許多說不的方式能夠引導對方邁向他們的目標。

例如，你可以問個問題，引導他們去別的地方尋求幫助。你可以建議採用另一種方法，根本不需要任何協助。你也許不知道他們還能怎麼辦，所以可能必須輕輕推促他們發

揮創意。你可以很有禮貌地將他們的請求轉移到另一個人那裡，因為那個人或許更能幫助他們。

如果你最後還是說「是」，那麼有各式各樣富有創意的方式可以幫忙別人。換句話說，你仍然可以設法兌現承諾。如果沒有這種策略性思維，諮詢台、服務中心和資訊供應處就不會存在。預先印好的傳單、常問問題網頁或檔案、書面解釋、錄音說明、張貼出來的資訊、檢核單、型錄、目錄和預先安排好時間的訓練課程，都可以有效地用來說「是」，同時保有你的預約時段。在我擔任銷售經理的第一份工作中，就開始這麼做。我善用訓練課程，在第一時間就減少常問問題，然後以印製或錄音的方式製作答案庫。每當我不在，其他團隊成員也能取用這些答案。

我學到的最重要一課，就是用一套哲學和一套方法來管理我的空間，對我是有幫助的。一段時間之後，我發展出一套準則，稱之為「三呎法則」。當我將一隻手臂盡量外伸，從脖子到指尖是三呎。我將限制誰和什麼事情能夠進到這三呎之內，並視之為我的時間管理使命。這個法則很簡單：一項要求必須和我的「一件事」搭上邊，我才會考慮。如果不然，我不是對它說不，就是運用上面所說的方法，將它移轉到別處。

學會說不，不是為了拒人於門外。恰好相反。運用這個方法，才能取得最大的自由和彈性。才華和能力是有限的資源，時間也是有限的。目前生活中無法投入的事情，幾乎肯

定就是你應該說不的對象。

1977 年，事業極其成功的喜劇演員比爾‧考斯比（Bill Cosby）在《烏木》（*Ebony*）雜誌的一篇文章中，將這個生產力小偷總結得非常好。他在事業生涯發展過程中，將這句忠告放在心裡：「我不知道成功之鑰是什麼，但想要取悅每個人，肯定是失敗之鑰。」這句忠告值得身體力行。如果你不能說很多不，那就永遠無法說是，以實現你的「一件事」。總之，非此即彼，你必須做決定。

當你對「一件事」發出最宏亮的「是」，並對其餘的事情大聲說「不！」，就有可能取得卓越成果。

## 害怕混亂

在取得不同凡響成果的路上，會發生不是那麼好玩的事。雜亂、不安、紛擾、失序。當我們不眠不休地忙著預約時段內的事，身邊自然而然就會雜亂起來。

當你只專注於一件事，身邊難免就會亂成一團。當你全心全意做最重要的工作，世界不會停下腳步等著，而會繼續往前快速推進。在你更加努力做單單一件第一要務時，其他事情就會不斷累積。遺憾的是，你找不到暫停鍵或停止鍵，也不能用慢動作過生活。但願自己做得到，只會使日子變得很苦、令人失望。

生產力最大的小偷之一，是不願允許混亂發生，或者缺乏創意去應付它。

專注於「一件事」，保證會有一個後果：再也沒辦法做其他的事情。雖然情況確實是如此，卻不會因此覺得心裡好過些。總有一些人或一些計劃，不是你單一優先要務的一部分，卻仍然相當重要。你會感受到它們迫切需要你注意。總有一些未完成的工作和沒有收尾的事情躺在那邊，誘惑你注意它們。你的預約時段就像是潛水器，愈是埋頭做你的「一件事」，感受到的壓力愈大，迫使你浮出水面吸氣，處理擱下的每一件事。最後的感覺很像即使最小的裂縫也會一爆即開。

一旦屈服在壓力之下，去照料混亂的情況，或許能讓你大大地鬆一口氣，但這對生產力毫無助益。它是小偷！其實，這是一整套東西。當你努力追求偉大，混亂保證會出現。事實上，生活其他領域所經歷的混亂程度可能和你投入「一件事」的時間成正比。務必接受這個事實，而不是努力抗拒。奧斯卡金像獎電影導演法蘭西斯・柯波拉（Francis Ford Coppola）警告我們：「當你想要大規模或以無比的熱情去做某件事，都會帶來混亂。」換句話說，你只能習慣混亂、度過混亂。

任何人的生活或工作中，總有一些事情不能忽略：家人、朋友、寵物、個人的承諾，或者十分重要的工作計劃。任何時間，其中一些或全部都會拉扯你的預約時段。你不能放棄努力執行一件事的時間，因為那件事非做不可。這一來，你怎麼辦？

我常被問到這樣的問題。在台上講課的時候，經常一結束，台下的手會馬上舉起來。「如果我是單親父母，那怎麼辦？」「如果我有年邁的雙親需要照顧，那怎麼辦？」「我有非承擔不可的義務，我該怎麼辦？」……這些顯然都是相當好的問題。我會這麼回答他們：

視個人情況而定。你的預約時段可能一開始和別人不同。每個人的處境都很獨特，視你的人生階段而定。你可能無法立即在每天早上為自己騰出時間，你可能有孩子或父母需要照顧……當你需要在預約時段做事時，非得去日間托兒所、療養院或其他某個地方。有一陣子，你獨處的時間可能必須排到不同的時段。你可能必須和別人交換條件，請他們保護你的預約時段，而你也會保護他們的預約時段。你甚至可能需要孩子或父母在你的預約時段中幫忙，因為他們必須和你在一起，或者你真的需要他們的支援。

如果你必須求人，那就求人。如果你必須交換條件，那就交換條件。如果你必須發揮創意，那就發揮創意。千萬不要犧牲你的預約時段，將它放上「我就是做不來」的祭壇。

家母以前常跟我說：「當你必須以自己受到的限制當藉口，那些限制就會跟著你。」別讓這種事情發生。設法解決，找到出路，完成該做的事。

當你每天執著於做你的「一件事」，卓越的成果最後就會發生。這會讓你經過一段時間，便有收入或機會去管理混亂的狀況。因此，不要讓這個小偷偷走你的生產力。大步跨過你對混亂的害怕，學習應付它，並且相信只要努力做好你的「一件事」，終有一天會開花結果。

## 不良的生活習慣

曾經有人問我：「如果不照顧好身體，你會住在哪裡？」這真的是個大問題。我一直在對抗間質性膀胱炎產生的痛苦副作用，必須忍受雙腳不斷發抖。我的行動能力，更別提專注能力，因此大打折扣。克服這些問題的挑戰十分巨大。醫生給我一些選項，問我想怎麼辦？我的答案是，改變生活習慣。我因此發現：個人管理不良，是生產力的沉默小偷。

當我們因為對自己的保護不周，而動用了未來老本，可以預料得到，能量會慢慢用完，或者過早崩垮。這類情況很常見。當人們不了解「一件事」的力量，會試著做太多事，然而一段時間下來，發現這行不通，最後便和自己做成可怕的交易：犧牲健康去追求成功。他們熬夜到很晚、進餐不規律或者隨便進食，以及完全不運動，枉顧健康和家庭生活。他們只想達成目標，認為這麼欺騙自己是很好的賭注，然而

這樣的賭博是得不到報酬的,不只傷害你的工作成效,以為健康和家庭會等著你日後享受,更是危險的想法。

高成就和卓越成果都需要高能量。個中祕訣在於學習如何取得和維持。

那麼,我們能做什麼?答案是,把自己想成奇妙的生物機器,實行下面說的每日能量計劃,以維持高生產力。首先,很早就要冥想和祈禱,以充實精神能量;每天一開始,就和你的更高目的連結起來,將想法和行動向一個更大的故事看齊。接著,往廚房走去,吃一天當中最重要的一餐,以做為身體能量的基礎。營養的早餐,可以當你整天的工作燃料。缺乏卡路里,沒辦法跑很長的路。想想有什麼簡單的方法,能夠吃得正確,然後一次規劃一個星期的飲食。

添加燃料之後,往運動場所走去,舒緩壓力和強化身體。調節身體能給你最大的能力,而這是將生產力發揮到最高所必需的。如果你運動的時間有限,最簡單的方法便是戴上計步器。一天結束時,如果沒有走上一萬步,那麼就當它是你的「一件運動」,走完一萬步才上床。這個習慣會改變你的生活。

現在,如果你還沒在吃早餐或健身的時候,和你所愛的人聚在一起,請去找他們擁抱、談話和歡笑。你會想起當初為何要努力工作,而且因此產生誘因,盡可能提高生產力,好讓自己能夠早點回家。高生產力的人因為感情能量而茁壯;內心因此充滿歡愉,感到飄飄然。

然後，拿起你的行事曆，計劃一天的工作。務必知道什麼事情最重要，而且一定要做好。看看你必須做什麼事，估計需要多少時間去做，然後據此規劃你的時間。曉得自己必須做什麼事，以騰出時間去做，是你將十分奇妙的精神能量帶到生活的方式。用這種方式安排一天的行程，你就不會再憂慮有什麼事情可能沒做，同時以將做什麼事來激勵自己。只有在你騰出時間，追求不同凡響的成果時，它們才有機會出現。

　　工作的時候，請做你的一件事。如果你像我一樣，早上有一些優先要務必須先處理，那麼頂多給自己 1 個小時去做它們。不要無所事事，也不要減慢行動。清理好甲板，然後著手做最重要的事。中午左右，休息一下，吃個午餐，接著將注意力轉向你能做的其他每一件事，迎接下半天。

　　最後，到了晚上該睡覺時，請睡足 8 個小時。強大的引擎也需要冷下來和休息，才能再度轉動，你也不例外。你需要睡眠，讓你的身心充分休息和充電，好在明天發揮不同凡響的生產力。你也許認識一些人，他們睡得很少，卻表現得很好。這種人也許是大自然的怪胎，或者刻意隱藏自己受到的影響，不讓你看到。不管是何者，他們都不是你的角色模範。確定每天晚上幾點你必須上床，不允許其他事情誘惑你不準時睡覺，以保護你的睡眠。如果你一定要在設定的時間準時起床，那就不能有很多晚上熬夜，而必須在適當的時間就寢。如果你的反應是有太多事情要做，沒辦法說睡就

睡，那麼請暫停，回頭看看本書的開頭，並且重新來過。你顯然錯過了某件事。當你將適當的睡眠和成功連結起來，你就會有夠好的理由起床，也會在正確的時間睡覺。高生產力者的每日能量計劃如下：

一、冥想和祈禱，以充實屬靈能量。

二、吃得正確、運動、充分的睡眠，以充實身體能量。

三、擁抱、親吻你愛的人，並與他們歡笑，以充實感情能量。

四、設定目標、計劃、安排行事曆，充實精神能量。

五、預約時段，執行你的一件事，以充實企業能量。

這套計劃的生產力祕訣在於：每天最早的幾個小時用於補充自己的能量，那麼整天其餘的時間，便不太需要花力氣便能走過。你不必整天將注意焦點放在如何有個完美的一天，而是放在每天有個精力充沛的開始。如果你的高生產力能夠維持到中午，中午之後的時間，便很容易就定位。也就是說，正面的能量會創造正面的動力。架構好每天最初的幾個小時，是取得不同凡響成果的最簡單方式。

## 環境不支持你的目標

在我的事業生涯之初，有個育有兩個青少年的已婚媽媽，坐在我面前哭訴。家人曾經告訴她，只要家裡沒有變化，他們就會支持她的新事業生涯。三餐、共乘，他們世界中的任何東西都不會受到干擾。她同意了，後來卻發現這項

協議有多糟。聽著聽著，我突然發現，她談到的是幾乎每個人都忽視的生產力小偷。

你的環境必須支持你的目標。你的環境很簡單，就是指你每天看到的人和體驗的事情。那些人很熟悉，那些地方令你安心。你相信環境中的這些元素，而且很可能視之為理所當然。但是務請小心。任何時間中，任何人和任何事情都有可能成為小偷，轉移你的注意焦點，不去注意最重要的工作，並從你眼前偷走你的生產力。你要取得不同凡響的成果，你身邊的人和實體的環境必須支持你的目標。

沒有人能夠遠離他人而生活或工作。每一天，一整天工作下來，你會接觸到別人，並且受他們影響。這些人毫無疑問會左右你的態度、你的健康——最後是你的表現。

你身邊人的重要性，可能高於你的想像。由於和他們一起工作、和他們交際應酬，或者只是在他們身邊，你便有可能感染他們的某些態度。從同事、朋友到家人，如果他們對工作普遍缺乏正面的看法，或者沒有得到滿足，一些負面情緒可能會傳染給你。態度是有傳染性的，很容易散播。雖然你自認為能力很強，卻沒能強到能夠永遠避免負面態度的影響。因此，身邊務必圍繞著正確的人，這是正確的事。態度小偷會偷走你的能量、努力、決心。支持你的人卻會盡他們所能，鼓勵或幫助你。和成功心態者在一起，最後會產生研究人員所說的「成功的正面螺旋」，幫助你向上提升，將你送到想去的地方。

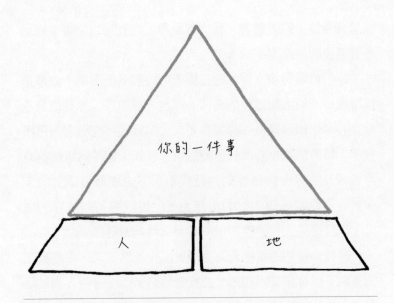

圖 17-1 營造出有利生產力發揮的環境，以支持你的一件事。

　　和誰來往，對你的健康習慣也有重要的涵義。哈佛大學教授尼可拉斯・克里斯塔吉斯（Nicholas A. Christakis）和加州大學聖地牙哥分校副教授詹姆士・福勒（James H. Fowler）寫了一本書，談到我們的社群網路確實會影響我們的身心健康。《連在一起：社群網路的驚人力量和它們如何塑造我們的生活》（*Connected: The Surprising Power of Our Social Networks and How They Shape Our Lives*）指出，人際關係會影響我們是否嗑毒、失眠、抽菸、喝酒、飲食，甚至快樂。舉例來說，他們 2007 年針對肥胖所做的研究發現，如果你有

一位親密朋友變胖，那麼你變胖的可能性也會增加 57%。為什麼？我們見到的人，往往成為一種標準，影響我們認為什麼事情是適當的。

過了一段時間，你的想法、行為，甚至長相，和你交往的人看起來開始有點相似。但不只他們的態度和健康習慣會影響你，他們的相對成功程度也會。如果你交往的人是高成就者，他們的成就會影響你自己的成就。心理學期刊《社會發展》（Social Development）的一項研究指出，約 500 位有相互「最要好朋友」關係的學齡受測者中，「與高成就學生建立和維持關係的孩子，成績有進步」。此外，有高成就朋友的人似乎「在影響動機的信念和學業表現上受益」。也就是說，和追求成功的人交往，會強化你的動機，並給你的表現正面的推力。

令堂叮嚀你交友要小心，這是對的。你的環境中如果有錯的人，他們最有可能勸阻、妨礙和使你分心，無法走在你想走的生產力之路上。但是反之亦然。沒人能夠獨自成功，也沒人會獨自失敗。請注意你身邊的人。找出哪些人會支持你的目標，請不是這樣的人離開。你生活中的人會影響你，對你造成衝擊——衝擊力道可能比你所想還要大。且讓他們各安其位，並確保他們對你造成的影響，是將你推往想去的方向。

如果「人」是營造支持性環境的第一要務，那麼「地」不會落後太遠。當你的實體環境和你的目標不搭調，它也可

能使你一開始就無法跨出步子。

　　我知道這聽起來過度簡化，但是要能成功地做你的一件事，你必須有能力去做才行，而實體環境在這方面扮演非常重要的角色。錯誤的環境可能永遠不讓你到達那裡，如果你的環境充滿著教人分心和誘惑人的事物，那麼在你還來不及幫助自己之前，就可能去做不應該做的事情，結果無法到達需要前往的地方。這就像你想要減重，卻每天必須走過一排糖果店，有些人或許能夠輕易應付這種環境，但大部分人會忍不住在路上品嚐一些甜食。

　　你身邊的事物，不是會將你指向你的預約時段，就是會將你拉離那裡。這種事情從你醒來的那一刻就開始，一直持續到你鑽進預約時段的地堡。從你的鬧鐘響起的那一刻，到你的預約時段開始之間，你看到的和聽到的事情，最後會決定你是否能夠到達那裡、何時到達那裡，以及當你開始做你的一件事，是否準備好發揮生產力。因此，不妨試著走一趟看看。走過你每天會走的路，消除你發現的所有視覺和聽覺小偷。對我來說，如果是在家裡，那些小偷是指電子郵件、日報、早上的電視新聞節目、鄰居出門遛狗等簡單的事情。這些事都很棒，但是當我和自己有約，要去做我的一件事，它們就沒有那麼棒了。因此，我用很快的速度檢查電子郵件，絕不看報紙，不打開電視櫃，而且小心翼翼選擇我的開車路線。到了工作場所，我避開公用咖啡機和布告欄。我會稍後再來。我學會一件事，那就是當你清理乾淨通往成功的

路，你一定能夠到達那裡。

　　別讓你的環境帶你走上岔路歧途，你的實體環境很重要，身邊的人也很重要。我們太常見到環境並不支持你的目標，而且很遺憾的，這是太常見到的生產力小偷。喜劇演員莉莉‧湯姆琳（Lily Tomlin）曾說：「成功之路總是在施工中。」因此，不要允許自己繞道而行，不去做你的一件事。請在這一條路上，鋪好正確的人和地。

## 關鍵概念

一、**開始說「不」**。務必記得：當你對某件事情說是，等於對其他每一件事說不。這是履行承諾的本質。開始一口回絕其他的請求，或者對令你分心的事情說「現在不要」，如此就沒有事情會分散你的注意力，不去做最高優先要務。學習說不，能夠解放你，也將解放你。這是找到時間，做一件事的方法。

二、**接受混亂**。要曉得，追求你的一件事時，其他的事情都會擺到次要位置。沒有收尾的事情，會在那邊誘惑你，在你前進的路上糾纏不休。學著去應付它們。成功做好一件事，會持續不斷證明你做了正確的決定。

三、**管理你的能量**。不要嘗試做太多事情，而犧牲你的健康。你的身體是具奇妙的機器，但是沒附保證書，無法以舊換新，而且修理起來很花錢。管理好你的能量，讓你能做必須做的事、達成想達成的事、過你想過的生活，是很重要的一件事。

四、**掌控你的環境**。確保身邊的人和你的實體環境支持你的目標。生活中正確的人，以及日常通路中正確的實體環境，都會支持你去做一件事的努力。當兩者向你的一件事看齊，它們會供應你需要的樂觀情緒和實體助力，進而實現你的一件事。

編劇家里歐‧羅斯頓（Leo Rosten）為我們把每一件事拚湊在一起，說：「我無法相信人生的目標是為了快樂。我想，人生的目的是做個有用、負責任、同情別人的人。最重要的是，當個重要、舉足輕重、代表某件事、有所作為的人，表示你活過。」活著有目的、依第一要務過活，以及為生產力而活。基於你執著三件事和避開四個小偷的相同理由，務必照這三個配方去做──因為你想要留下足印。你希望自己的生活顯得重要。

# 18.

# 旅程

「只需要一次走一步，就能走過最艱辛的
旅程，但必須一直走下去。」

——中國諺語

「一次一步」聽起來可能像是陳腔濫調，卻仍然真實不虛。不管目標為何，不管目的地是哪裡，要得到你想要的任何東西，旅程總是從一步開始——那一步就叫做一件事。

我要你做點事情。請閉上眼睛，盡可能將你的生活想像得很大。勇敢去夢想，要想多大就想多大。你看到了嗎？

現在，請張開眼睛，聽我說。不管你能夠看到什麼，你都有能力往前走。而且，當你走向的目標，如同你可能想像的那麼大，你將過著可能過的最大生活。

活得大就是那麼簡單。

我來分享一下，告訴你可以怎麼做。寫下你目前的收入。然後將它乘以一個數字：2、4、10、20……數字多少無關緊要。只要挑一個，拿你的收入去乘，並且寫下新的數字。看著那個數字，不要管你是感到害怕，還是興奮莫名，問自己：「未來 5 年，我目前的行動會讓我到達這個數字

嗎？」如果會，繼續將數字乘以 2，直到你覺得不會為止。如果你接下來配合答案去行動，你就會活得大。

上述是用個人所得為例，這樣的想法，可以用到你的屬靈生活、你的身體調節、你的人際關係、你的事業生涯成就、你的企業成功，或者你覺得重要的其他任何事情。當你提高想法受到的上限，就會擴大生活的上限。只有當你能夠想像更大的生活，才能期望有個更大的生活。

現在的挑戰是，過可能最大的生活，需要你不只想大事，也需要採取必要的行動，以到達那裡。

不同凡響的成果，需要你從小處著手。儘量縮小你的焦點，可以簡化你的想法，沉澱出你必須做的事情。不管你能想像得多大，當你知道自己要往哪裡去，接著向後推算你需要做什麼事才能到達那裡，你總會發現必須從小做起。幾年前，我想在我家地上種一棵蘋果樹。後來發現，我們無法買一棵完全成熟的蘋果樹。唯一的選擇，是買一棵小蘋果樹來種。我可以想得很大，但是除了從小種起，別無選擇。於是我只好這麼做。5 年後，我們有了蘋果。但由於我盡可能想得大，結果你猜發生什麼事？我有了蘋果樹，而且不只種一棵。今天，我們有一座果園。

你的生活就像這樣，你無法得到完全成熟的生活，你得到一個小生活，以及讓它成長的機會——如果你想要的話。想得小，你的生活可能一直那麼小。想得大，你的生活就有機會茁壯變大，選擇是你的。當你選擇大生活，依照預設，

你必須從小做起，才能到達那裡。你必須研究自己的選擇，縮小選項，排好優先要務，然後做最重要的事情。你必須小處著手，你必須找到你的一件事。

這個世界上沒有萬無一失的事情，但是總有某些事情，也就是一件事，在所有的事情當中，比其他任何事情重要。我的意思並不是說，永遠只有一件事，或甚至相同的事。我是說，任何一刻，只能有一件事，而當那件事向你的目的看齊，位於優先要務的頂端，它會是將你推向所能有的最佳境界，你能做的最有生產力的事情。

行動之後是行動，習慣之後養成習慣，成功之後更上層樓。正確的骨牌推倒下一張，又下一張，再下一張。每當你想要不同凡響的成果，請尋找會為你開始推倒骨牌，能夠發揮槓桿作用的行動。大生活必須靠連鎖反應產生的巨大波浪營造出來，而且必須循序漸進建立起來。這表示，當你將目標放在成功上，就不能跳過中間那些階段，直接抵達終點。不同凡響不是那麼運作的。你每天、每週、每個月、每年做一件事而累積起來的知識和動能，會給你建立不同凡響生活的能力。

但是這種事情不會平白無故發生。你必須使它發生。一天晚上，柴羅基部族（Cherokee）的一個老人告訴孫子，所有的人內心都有一場戰鬥，他說：「孫子啊，我們心裡有兩隻狼在爭戰。一隻是恐懼。它帶著焦慮、憂愁、猶疑不定、躊躇不決、優柔寡斷和無為。另一隻是信心。它帶著平

靜、堅信、信念、熱情、果斷、興奮和行動。孫子想了一下，怯怯地問祖父：「哪隻狼勝了？」柴羅基部族老人答道：「你餵養的那隻。」

邁向不同凡響成果的旅程，尤其需要依靠信心。當你對自己的目的和優先要務懷有信心，你才會找出自己的一件事。一旦確定你知道它是什麼，你就會擁有所需要的個人力量，不再猶疑不決，放手去做。信心終會帶出行動，而當我們採取行動，就不會有悔恨，而傷害我們做過的每一件事，或使做過的一切消失於無形。

## 一位朋友的忠告

成功令人滿足，旅程讓人感覺充實，所以我們每天有更好的理由起床，並且採取行動做你的一件事。在你走上這段旅程，去過值得過的生活、盡你所能在你覺得最重要的事情上取得成功，你得到獎賞不只是成功和快樂，還有更寶貴的東西。

如果你能回到從前，和 18 歲年輕的你講話，或者往前推進，拜訪 80 歲的你，你會想要聽誰的忠告？這是個有趣的問題。對我來說，我會聽年長的自己講的話。從晚年而來的觀點，有更長、更寬的鏡頭蒐集而得的智慧。

更老、更聰明的你會說些什麼？「好好過你的生活。活到極致，不要害怕。活著有目的，使出渾身解數，絕對不要放棄。」努力很重要，因為少了努力，你絕對不會在自己的

最高水準取得成功。成就很重要，因為少了它，你永遠不會體驗自己的真正潛力。追求目的很重要，因為除非你去做，否則可能永遠不會發現持久的快樂。帶著信心踏出步子，相信這些都是真的。去過值得過的生活，因為到最後，你將能這麼說：「很高興我做了」，而不是「但願我做過」。

為什麼我會想到這一點？因為許多年前，我開始嘗試了解值得過的生活看起來像什麼。我決定出去發現它可能是什麼樣子。這是一趟非常值得的旅程。我拜訪了比我老、比我聰明、比我成功的人。我做研究、閱讀、尋求忠告。我向每一個想像得到的可靠來源尋求蛛絲馬跡。最後，我得到一個簡單的觀點：值得過的生活或許能以許多方式衡量，但是過無悔的生活，在其他所有的生活之上。

人生苦短，不能累積很多將做、可做、應做的事情。當我問自己，有誰可能對人生的看法最為透澈，因而有了這樣的認識。我認為，接近人生終點的人，對人生看得最為透澈。如果從人生的終點開始是個好主意，那麼要找如何過活的線索，向處於人生最末端的人討教，再適合不過了。我很好奇，想知道在沒有未來可以盼望，只能回首當年的人，會跟我談如何往前邁步。他們的集體聲音一面倒，答案非常清楚：人生應該將臨終時可能會有的悔恨降到最低。

什麼樣的悔恨？很少有書能讓我流淚，更別提需要一條手帕。布朗妮・魏爾（Bronnie Ware）寫的《臨終者的五大憾事》（*The Top Five Regrets of the Dying*）做到了這兩點。多年

來，魏爾一直照顧面對生命盡頭的人。當她問這些臨終者，是否有任何悔恨，或者但願以不同的方式去做的任何事情，發現同樣的主題一而再，再而三浮現。由下而上，最常見的五件憾事是：但願我自己快樂些──他們領悟到快樂是一種選擇時，為時已晚；但願我時常和朋友保持聯繫──他們經常沒給朋友們應有的時間和努力；但願我有勇氣表達自己的感受──太常緊閉雙唇，不將過於沉重而難以處理的感覺說出來；但願我沒有工作得那麼賣力──花在賺錢維生的時間太多，沒有好好享受生活，造成太多的遺憾。

以上所說已經夠教人懊悔不迭，卻還有一個更甚於它們。最常見的憾事是：但願我有足夠的勇氣做自己，過自己真正想要的生活，而不是別人對我期望的生活。結果，他們只實現一半的夢想，希望則沒有得到滿足：這是垂死之人表示的第一憾事。魏爾說：「大部分人連一半的夢想都沒有實現，臨終時才知道這是由於他們做過，或者沒做過的選擇造成的。」

不是只有魏爾才觀察到這種情形。季洛維奇（Gilovich）和梅德維克（Medvec）在 1994 年詳盡的研究中作成結論說：「當人們回顧一生，沒做的事最令他們感到遺憾。……人所做的事，一開始可能造成麻煩；但是沒做的事，長期而言，最令他們引為憾事。」透過相信我們的目的和優先要務，實現我們的希望和追求高生產力的生活。他們在最聰明的位置，給予我們最清楚的訊息。

因此，務必每一天都做最重要的事情。當你知道什麼事情最重要，每件事情做起來就有意義。當你不知道什麼事情最重要，其他的事情都有它們的道理。最好的生活不是這麼過的。

## 成功是內心的工作

那麼，你要如何過無悔的生活？這和你追求不同凡響的成果，一開始的方式相同。要有目的、第一要務和生產力；要知道必須避免悔恨，而且能夠避免悔恨；將你的一件事擺在心頭，以及時間表的最上層；只要踏出第一步，我們就能做到全部。

我想，舉一個故事來說明，是分享這件事的最好方式。一天晚上，小男孩跳到父親膝上，細聲說道：「爹地，我們在一起玩的時間不夠多。」父親顯然深愛兒子，曉得他說的沒錯，於是答道：「你說的很對，對不起。但是我保證會補償你。明天星期六，我們玩一整天好嗎？就只有你和我！」有了這個計劃，小男孩那天晚上笑著上床，想像著和父親一起冒險而興奮不已。

隔天早上，父親比平常早起。他希望在兒子醒來、精神飽滿和準備出發之前，自己還有時間像平常那樣，喝杯咖啡，翻翻早報。他正忘我地閱讀財經版時，被兒子突然拉下報紙而嚇了一跳。兒子興奮地喊著：「爹地，我起床了。一起來玩！」

看到兒子，父親雖然非常高興，也盼望著和兒子一起遊玩，卻內疚地發現，想要多一點時間，讓自己像平常那樣結束早上時光。他腦子快速轉動，想到一個不錯的點子。他抓起兒子，緊緊抱著，說，他們的第一個遊戲是拼圖，拼完之後，「我們就能出去玩一整天」。

　　父親先前在翻報紙時，看到一幅整頁廣告，上面有世界地圖。他很快就找到，將它撕成碎片，攤開在桌上。他找了一捲膠帶給兒子，說：「我們來看看你能用多快的速度，拼好這幅圖。」男孩興高采烈拼了起來，父親則相信自己多賺了一點時間，於是再回頭看報紙。

　　幾分鐘之內，男孩再次拉下父親的報紙，驕傲地說：「爹地，拼好了！」父親很驚訝。他真的看到一幅完整的世界地圖，和廣告中一模一樣，一片也沒拼錯。父親的聲音夾雜著父母的驕傲和驚奇，問：「你到底怎麼拼的，怎麼拼那麼快？」

　　小男孩眉開眼笑：「很簡單啊，爹地！起先我做不來，不久就想要放棄，因為太難了。但是當我掉了一片在地上，由於桌面是玻璃做的，所以我看得到那張碎片，是一個人的一部分。於是我有了靈感：我把那個人拼起來，整個世界便一一就定位。」

　　我是在十多歲的時候，聽到這則親子故事，永遠忘不了。我不斷在腦海裡複述這個故事，後來成為我人生的一個中心主題。令我感到震撼的，不是父親顯而易見的生活平衡

問題，但我當然懂得這一點。兒子深具啟發性的解決方法，才深深吸引我，且揮之不去。他解開了一個更深的謎：對於人生，一個簡單且更為直截了當的方法。這是我們在個人生活或專業生活上，面對任何挑戰的起點。如果我們想要在自己可能的最高層次，取得不同凡響的成果，就必須了解一件事。這是不容置疑的。

成功是一種內心的工作。把你自己拼起來，你的世界就會一一就定位。當你將目的帶到生活來，曉得自己的優先要務，而且每天針對最重要的第一要務發揮高生產力，你的生活就會變得有意義，就有可能實現不同凡響。

生活中的所有成功，起點都在你內心。你知道該做什麼事，你知道如何去做。下一步就很簡單，你是第一張骨牌。

# 結語
# 實際運用一件事

> 66 「遷延蹉跎，來日無多。」
>
> ——莎士比亞 99

　　現在怎麼做？你看完了這本書，懂得其中的道理，準備在你的生活中體驗不同凡響的成果。那麼，你要做什麼事？你如何以最強而有力的方式，運用一件事？我們來溫習這本書的精華，看看有哪些方法，現在能將一件事付諸運用。

　　為求簡短，我會將聚焦問題縮短，所以務必在每個問題之後，加上「……做了之後，其他每一件事就會變得比較容易或者不必做？」

## 你的個人生活

　　且用一件事來釐清關鍵領域。以下是若干範例：

- 本週我能做哪一件事，以發現或證實我的生活目的？
- 未來 90 天，我能做哪一件事，讓我的身材成為我想要的樣子？
- 今天我能做哪一件事，以強化我的屬靈信仰？

- 我能做哪一件事，每天找到時間練習吉他 20 分鐘？
未來 90 天高爾夫球賽少 5 桿？6 個月內學會油漆？

## 你的家庭

和你的家人運用一件事，以享受歡愉和滿足。以下是一些選項：

- 本週我們能做哪一件事，以改善我們的婚姻？
- 每個星期我們能做哪一件事，以享受更高品質的天倫之樂？
- 今晚我們能做哪一件事，來輔導小孩完成學校功課？
- 我們能做哪一件事，讓我們下一次的假期成為此生最美好的一次經驗？我們的下一次耶誕節成為此生最美好的一次？感恩節成為此生最美好的一次？

請注意這些只是簡單的例子。如果將它們用在你的個人生活，那很好。如果不然，那麼請用它們促使你發現可以探索哪些對你重要的領域。還有，不要忘了預約時段。和自己預約時段，確保你會做重要的事情、精通重要的活動。某些情況中，你預約時段是為了找到答案。其他時段中，則只是想要留下執行時間。

現在我們來談工作，看看你可以如何將一件事的力量帶著走。

## 你的工作

將一件事用在工作上，把你的專業生活帶到下一個層次。以下是可以開始著手的一些方式：

- 今天我能做哪一件事，以提前完成目前的專案？
- 這個月我能做哪一件事，把工作做得更好？
- 下次考評之前，我能做哪一件事，以爭取加薪？
- 每一天我能做哪一件事，以完成工作，而且仍然準時回家？

## 你的工作團隊

將一件事帶進你和別人共同工作的場合。不管你是經理人、高階主管，還是企業主，都可以將一件事的想法，帶進你每天的工作場所，以提升生產力。以下是可以考慮的若干情境：

- 任何會議中，可以問：「這次會議中，我們能完成哪一件事，而提早結束？」
- 建立團隊時，6個月內我能做哪一件事，以找到和培養不可多得的人才？
- 規劃下一個月、明年或5年後，問：「現在我們能做哪一件事，以提前完成我們的目標，而且不超過預算？」
- 在你的部門或者公司的最高層級，問：「未來90天，我們能做哪一件事，以塑造一件事的文化？」

同樣地，這些只是促使你思考各種可能性的例子。而且，和你的個人生活一樣，一旦你決定什麼事情最重要，則在專業生活中預約時段，會是你確保執行最重要事情的方式。在工作上，通常這是指你必須完成的短期專案，或者你承諾反覆執行的持續性長期活動。不管是何者，和自己約好時間，是確保你取得卓越成果的最穩當方式。

　　針對本書介紹的關鍵概念隨意公開談論，或者舉辦短期的內部研討會，也許真能幫助工作上的每一個人得到體悟，並且取得相同的想法。如果在某個領域執行「一件事」，需要別人的參與，也許每個人都需要這本書。分享你得到的頓悟，是很好的開始。但當別人也有機會自行瀏覽，提供他們的獨到見解，也可能令你驚喜不已。

　　請記住，「一件事」要成為你生活中，或者周邊人生活中的新習慣，不能只是看書、隨意聊上幾句，或者在會議中稍微提一下。本書曾提過，要養成一種新習慣，平均需要66天。因此，也以這種態度面對一件事。要點燃你的生活，你必須聚焦一件事夠長的時間，它才會著火。我們來看看一件事可望起很大作用的其他一些領域。

## 你的非營利組織

　　我們能做哪一件事，以取得年度財務需求所需的資金？服務兩倍多的人？將我們的義工人數增為兩倍？

## 你的學校

我們能做哪一件事,把我們的輟學率降為零?提高我們的測驗分數 20%?提高我們的畢業率到 100%?將父母的參與率增為兩倍?

## 你的禮拜場所

我們能做哪一件事,以改善我們的禮拜體驗?將傳教拓展成功率增為兩倍?將出席率提升到最高?達成我們的財務目標?

## 你的社群

我們能做哪一件事,以改善我們的社群感?幫助足不出戶的人?將義工人數增為兩倍?提高投票率為兩倍?

內人瑪莉看了這本書之後,我請她幫我做點事。她轉向我,你猜她說了什麼?「蓋瑞,那不是我現在的一件事!」我們笑著相互擊掌,原來我必須自己動手!

「一件事」強迫你想大事、條列出該做的事,訂定優先順序,好讓幾何級數發生,然後準備過新的生活!請記住,取得不同凡響成果的祕密,是問非常大而明確問題,但是這個問題會引你得到極為專注的非常小答案。如果你想做每一件事,最後可能一事無成。試著只做「一件事」,也就是正確的一件事,最後你想要的每一件事可能都得到。

「一件事」是真的,如果你運用得宜,它會開花結果。

因此，請不要拖延，問自己這個問題：「現在我能做哪一件事，可以讓我做了之後，其他每一件事就會變得比較容易，或者不必做？」將得到的答案，當作你的第一個「一件事」，然後繼續邁步向前……。

# 謝辭

我們在寫這本書時，同意運用一件事的原則，盡我們所能去編排。大部分書籍都遵循《芝加哥寫作格式手冊》（*The Chicago Manual of Style*）的傳統準則，依序是書名、副書名、版權頁、讚辭、作者簡介、序言、謝辭、獻辭、題辭頁等等，之後才是目錄和實際內容。

真的得這樣嗎？我們拋開這一套。為了以你這位讀者為尊，我們覺得這是能夠改善你的體驗的一件「設計」。所以我們將謝辭放到書末。事實上，如果要以作者覺得最重要的方式重新編排本書，這個段落可能會放在封面之後。

我們在 2008 年夏，開始構思本書的大綱，2012 年 6 月 1 日將第一份完整的手稿交給出版商。四年的旅程，當然不可能不借助外力而走過，而且我們借助的外力很多。

首先是家人。如果沒有內人瑪莉和兒子約翰的愛與支持，這本書不會問世。我的寫作夥伴傑伊同樣感謝他的妻子溫蒂和孩子嘉斯、維羅妮卡的愛與鼓勵。配偶，尤其是像我們那兩位聰明、學識豐富的妻子，必須做吃力不討好的事情，閱讀那錯誤百出的初稿，才能協助完成本書。我們也得助於一支很棒的支援團隊。

Vickie Lukachik 和 Kylah Magee 給我們許多研究資料，花了我們將近半年的時間才消化完畢。Valerie Vogler-Stipe 和 Sarah Zimmerman 做了他們的一件事，讓我們無事一身

輕，專心寫這本書。Allison Odom、Barbara Sagnes、Mindy Hager、Liz Krakow、Lisa Weathers、Denice Neason 和 Mitch Johnson 等其他的團隊成員，也都做了他們的一件事，讓我們能做自己的一件事。我所服務的凱勒威廉姆斯房地產公司（Keller Williams Realty）合夥人和資深領導人，一路上不斷提供各種構想和鼎力支持：Mo Anderson、Mark Willis、Mary Tennant、Chris Heller、John Davis、Tony Dicello、Dianna and Shon Kokoszka 和 Jim Talbot。謝謝大夥兒！你們最棒了！

我們的行銷團隊在 Ellen Marks 領導之下，花了很多心血研究本書的設計，包括你可能聽到的所有方式：Annie Switt、Hiliary Kolb、Stephanie Van Hoek、Laura Price、超有才華的設計師 Michael Balistreri 和 Caitlin McIntosh，以及製作團隊成員 Tamara Hurwitz、Jeff Ryder 和 Owen Gibbs，還有網路團隊的 Hunter Frazier 和 Veronica Diaz。Cary Sylvester、Mike Malinowski、Ben Mayfield 和 Feed Magnet、NVNTD 等合作夥伴，協調大樓內外部的資訊科技工作。Anthony Azar、Tom Friedrich、Danny Thompson 和我們的供應商夥伴、外勤夥伴合作，將本書送到盡可能多的人手裡。特別感謝 KW Research 的 Kaitlin Merchant 和 KWU 的 Mona Covey、Julie Fantechi、Dawn Sroka 在出版前後所作的努力。

巴德出版社（Bard Press）的 Ray Bard 這位出版商，真

的懂得一件事且身體力行，我們也因而受益良多。他建立起一支出色的團隊，在我們寫作和後來的編輯期間，給我們建議、支持和鼓勵，推促我們竭盡全力，拿出最好的表現。龐大的出版團隊包括執行編輯 Sherry Sprague、編輯 Jeff Morris、文字製作編輯 Deborah Costenbader、Hespenheide Design 的 Randy Miyake 和 Gary Hespenheide、校對 Luke Torn，以及索引編輯 Linda Webster。Cave Henricks Communications 的公關宣傳 Barbara Henricks 和 Shelton Interactive 的社群媒體專家 Rusty Shelton 提供早期的反應意見，並且領導媒體宣傳造勢活動。我們也有一群資深讀者，和我們團隊中精選的一些成員針對我們的初稿提供意見：Jennifer Driscoll-Hollis、Spencer Gale、David Hathaway、Robert M. Hooper 博士、Scott Provence、Cynthia Robbins、Robert Todd 和 Todd Sattersten。

謝謝回應速度超快的研究工作者、教授和作者，回答我們針對各種主題提問的問題：佛羅里達州立大學的弗朗西斯艾普斯傑出學者和社會心理學區主任 Roy Baumeister 博士；國家科學基金會（National Science Foundation）的社會、行為與經濟科學理事 Myron P. Gutmann 博士；明尼蘇達大學莫里斯分校的心理學榮譽教授 Eric Klinger 博士；史丹佛大學的行銷學副教授 Jonathan Levav；獨特的網站 wordspy.com 作者 Paul McFedries；密西根大學的認知與感知計劃心理學教授及密西根大學的大腦、認知與行動實驗室主任

David E. Meyer 博士；明尼蘇達大學麥克奈特總統講座心理學教授 Phyllis Moen 博士；高等研究院（Institute for Advanced Study）歷史研究－社會大學圖書館的 Erica Mosner；Bronnie Ware 網站助益良多的 Rachel；艾森豪圖書館（Dwight D. Eisenhower Library）的 Valoise Armstrong；作者及伊利諾大學心理學系的榮譽教授 Ed Deiner 博士；以及 Franklin Covey 的資深領導統御顧問師 James Cathcart。我們也感謝貝勒大學（Baylor University）漢卡默商學院（Hankamer School of Business）的凱勒中心（The Keller Center）和 Casey Blaine 在多工處理方面所作的研究（本書很早有提到）。

最後，如果不感謝我的商業教練 Bayne Henyon 多年前所提的洞見，改變了我看事情的方式和改造了我的工作方式，我一定有愧於心。謝謝你們每個人所做的每一件事！

現在我能做哪一件事？

在你了解相關概念之後，現在應該在你的生活中將「一件事」付諸行動。請瀏覽 The1Thing.com，今天就開始想大事，從小處著手，並且聚焦於你的「一件事」！這座網站有我們的研討會和教練課程，以及獨有的「一件事」最新資訊。我們即時更新加入這股全球性運動的其他人提供的最新訊息，而且你可以在這裡分享你的「一件事」。今天就來體驗看看。

國家圖書館出版品預行編目 (CIP) 資料

成功, 從聚焦一件事開始：不流失專注力的減法原則 / 蓋瑞 . 凱勒 (Gary Keller)、傑伊 . 巴帕森 (Jay Papasan) 作；羅耀宗譯 . -- 第二版 . -- 臺北市：天下雜誌 , 2017.04
　面 ；　公分 . -- ( 天下財經；324)
THE ONE THING: The Surprisingly Simple Truth behind Extraordinary Results
ISBN 978-986-398-238-8( 平裝 )

1. 職場成功法

494.35　　　　　　　　　　　　　　　　106002861

# 訂購天下雜誌圖書的四種辦法：

◎ 天下網路書店線上訂購：www.cwbook.com.tw
　會員獨享：
　1. 購書優惠價
　2. 便利購書、配送到府服務
　3. 定期新書資訊、天下雜誌網路群活動通知

◎ 在「書香花園」選購：
　請至本公司專屬書店「書香花園」選購
　地址：台北市建國北路二段 6 巷 11 號
　電話：( 02 ) 2506-1635
　服務時間：週一至週五　上午 8：30 至晚上 9：00

◎ 到書店選購：
　請到全省各大連鎖書店及數百家書店選購

◎ 函購：
　請以郵政劃撥、匯票、即期支票或現金袋，到郵局函購
　天下雜誌劃撥帳戶：01895001 天下雜誌股份有限公司

＊ 優惠辦法：天下雜誌 GROUP 訂戶函購 8 折，一般讀者函購 9 折
＊ 讀者服務專線：( 02 ) 2662-0332 ( 週一至週五上午 9：00 至下午 5：30 )

天下財經 324

# 成功，從聚焦一件事開始：

### 不流失專注力的減法原則

THE ONE THING: The Surprisingly Simple Truth behind Extraordinary Results

作　　者／蓋瑞・凱勒（Gary Keller）、傑伊・巴帕森（Jay Papasan）
譯　　者／羅耀宗
責任編輯／周紫陵
協力編輯／王慧雲
封面設計／朱陳毅

發 行 人／殷允芃
出版一部總編輯／吳韻儀
出 版 者／天下雜誌股份有限公司
地　　址／台北市 104 南京東路二段 139 號 11 樓
讀者服務／（02）2662-0332　　　　傳真／（02）2662-6048
天下雜誌 ＧＲＯＵＰ 網址／ http://www.cw.com.tw
劃撥帳號／ 01895001 天下雜誌股份有限公司
法律顧問／台英國際商務法律事務所・羅明通律師
印刷製版／中原造像股份有限公司
裝 訂 廠／中原造像股份有限公司
總 經 銷／大和圖書有限公司電話／（02）8990-2588
出版日期／ 2014 年 3 月 5 日第一版第一次印行
　　　　　 2017 年 4 月 26 日第二版第一次印行
　　　　　 2017 年 10 月 30 日第二版第五次印行
定　　價／ 320 元

書號：BCCF0324P
ISBN：978-986-398-238-8（平裝）

天下網路書店 http://www.cwbook.com.tw
天下雜誌出版部落格——我讀網 http://books.cw.com.tw/
天下讀者俱樂部 Facebook http://www.facebook.com/cwbookclub

本書如有缺頁、破損、裝訂錯誤，請寄回本公司調換